DEUTSCHE AKADEMIE
DER LANDWIRTSCHAFTSWISSENSCHAFTEN ZU BERLIN

ARCHIV FÜR LANDTECHNIK

1. BAND · HEFT 1 · 1959

AKADEMIE-VERLAG · BERLIN

DEUTSCHE AKADEMIE
DER LANDWIRTSCHAFTSWISSENSCHAFTEN
ZU BERLIN

ARCHIV
FÜR
LANDTECHNIK

1. BAND

1959

AKADEMIE-VERLAG . BERLIN

Arch. Landtechn.

Inhalt des 1. Bandes

Heft 1

Heft 2

Heft 3

Autorenverzeichnis

Sachwortverzeichnis

DEUTSCHE AKADEMIE
DER LANDWIRTSCHAFTSWISSENSCHAFTEN ZU BERLIN

ARCHIV FÜR LANDTECHNIK

1. BAND · HEFT 1 · 1959

Schriftleitung:
Prof. Dr.-Ing. HEYDE, Berlin

AKADEMIE-VERLAG · BERLIN

INHALTSVERZEICHNIS

Das Archiv für Landtechnik erscheint in einzelnen Heften mit einem Umfang von je 5 Druckbogen. Die Hefte, die innerhalb eines Jahres herauskommen (4 Hefte), bilden einen Band. Das letzte Heft des Bandes enthält Inhalts-, Autoren- und Sachverzeichnis.
Es werden nur Manuskripte angenommen, die bisher noch in keiner anderen Form im In- oder Ausland veröffentlicht worden sind. Der Umfang soll nach Möglichkeit 1½ Druckbogen (etwa 35 Schreibmaschinenseiten) nicht überschreiten.
Die Autoren erhalten Fahnen- und Umbruchabzüge mit befristeter Terminstellung, bei deren Überschreitung durch den Autor von der Redaktion Imprimatur erteilt wird. In den Fällen, in denen die Lesung durch den Autor (Ausländer) auf sehr große Schwierigkeiten stößt oder sehr zeitraubend wäre, wird die Prüfung durch die Schriftleitung vorgenommen.

Jeder Autor erhält von der Akademie unentgeltlich 100 Sonderdrucke und ein Honorar von 40 DM für den Druckbogen. Das Honorar schließt auch die Urheberrechte für das Bildmaterial ein. Dissertationen, auch gekürzte bzw. geänderte, werden nicht honoriert.
Jeder Arbeit muß vom Autor eine Zusammenfassung der wichtigsten Ergebnisse beigegeben werden. Sofern er in der Lage ist, soll er diese gleich übersetzt in russisch und englisch bzw. in einer dieser Sprachen liefern. Gegebenenfalls wird die Übersetzung in der Akademie vorgenommen.
Bezugspreis je Heft (etwa 80 Seiten) 5,— DM.

Herausgeber: Deutsche Akademie der Landwirtschaftswissenschaften zu Berlin. Chefredakteur: Prof. Dr.-Ing. Heinrich Heyde, Sekretar der Sektion Landtechnik der Deutschen Akademie der Landwirtschaftswissenschaften. Verlag: Akademie-Verlag GmbH, Berlin W 8, Mohrenstr. 39. Fernruf 200386. Postscheckkonto: 35021. Bestell- und Verlags-Nr. dieses Heftes: 10 8 I-1. Veröffentlicht unter der Lizenz-Nr. ZLN 5463 des Ministeriums für Kultur, Hauptverwaltung Verlagswesen. Gesamtherstellung: VEB Druckerei „Thomas Müntzer" Bad Langensalza. Printed in Germany.

Aus dem Institut für Landtechnik Potsdam-Bornim der Deutschen Akademie der Landwirtschaftswissenschaften zu Berlin. Direktor: Prof. Dr. S. ROSEGGER

KLAUS BAGANZ

Zur Darstellung des Abscheidungsergebnisses bei der Kartoffel-Fremdkörpertrennung

Die Einführung leistungsfähiger mechanisierter Kartoffel-Ernteverfahren auch in fremdkörperreichere Boden-Gebiete ist eng verbunden mit der Entwicklung geeigneter mechanischer Trenneinrichtungen besonders zur Abscheidung der sogenannten kartoffelähnlichen Fremdkörper wie Steine, Erdkluten und Mutterkartoffeln aus Kartoffeln. Deshalb wandte sich in den Jahren nach 1945 die landtechnische Forschung in vielen Kartoffelanbauländern verstärkt der Untersuchung von Trennanlagen für die Abscheidung dieser Fremdkörper zu.

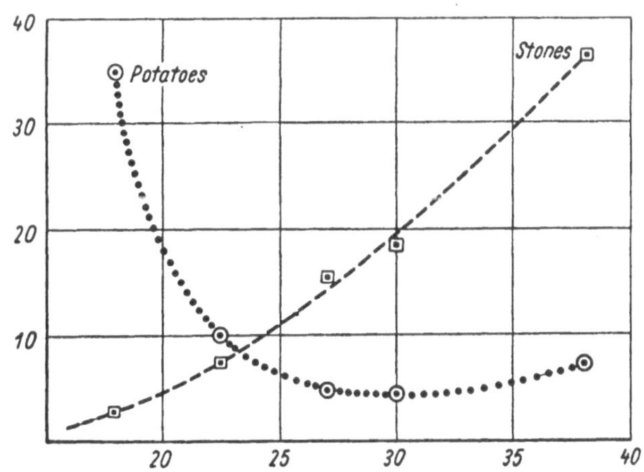

Abb. 1. Darstellung der Versuchsergebnisse nach HAWKINS [3] (Fehltrennungen bei einem rotierenden Gummifransendoppelrad)

senkrecht: Prozentsatz fehlgetrennter Kartoffeln oder Steine
waagerecht: Drehzahl des Rades [min^{-1}], (Stones = Steine, Potatoes = Kartoffeln)

Bei den meisten Untersuchungen [1], [2], [3], [5] beschränkt man sich auf die Angabe der bei der betreffenden Einstellung erzielten Abscheidung an Kartoffeln bzw. Steinen in Gewichts- oder Stückprozent. HAWKINS [3] führt eine Darstellung an, in der die Fehlabscheidungen der einzelnen Trenngruppen gemeinsam über einer Versuchsvariante aufgetragen sind (Abb. 1).

Bei seinen zahlreichen Versuchen werden von MAACK [6] Darstellungen der Abscheideergebnisse in 2 Diagrammen benutzt (Abb. 2). In einem Doppeldiagramm werden einzeln der auf die Fremdkörper-Gesamtzahl bezogene Anteil fehlsortierter Fremdkörper (δ_F) und der auf die Kartoffelgesamtzahl bezogene Anteil der fehl-

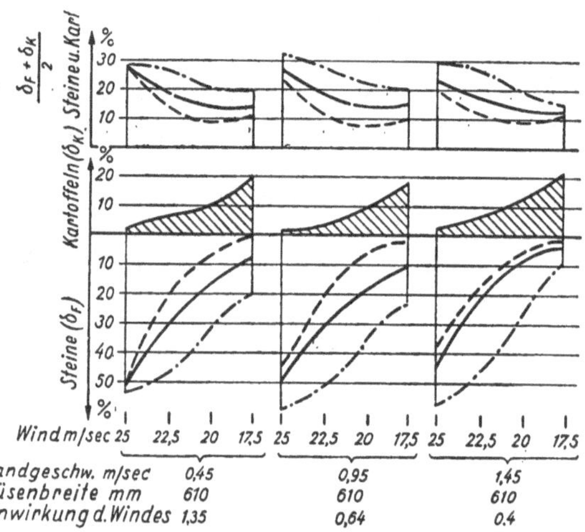

Abb. 2. Darstellung der Versuchsergebnisse nach MAACK [6] (Fehltrennung von Steinen und Kartoffeln, die auf einem waagerechten Band durch einen Luftstrom bewegt werden)

Fehltrennung bei nur kantigen Steinen — — — — — — — —
Fehltrennung bei nur runden Steinen — · — · — · — · — · —
Fehltrennung bei den ausgewählten 10 Steinen ————

sortierten Kartoffeln (δ_K) über einer Versuchsvariante aufgetragen. Diese Darstellung wird ergänzt durch ein weiteres Diagramm mit einem als „Trennqualität" bezeichneten Wert, der als

$$\frac{\delta_F + \delta_K}{2} \tag{1}$$

ermittelt wird.

Dieser Wert ist in der benutzten Weise zum Vergleich von Versuchsreihen untereinander verwendbar bei gleichen Anteilen an Kartoffeln und Fremdkörpern im Aufgabegut und stellt dann den durchschnittlichen Fehler auf das Aufgabegemisch bezogen dar. Sind jedoch die Anteile an Kartoffeln und Fremdkörpern im Aufgabegut nicht gleich, so kann es leicht zu Fehldeutungen kommen, da dann der definierte Wert seine Beziehung zum eigentlichen Trennvorgang verliert.

In einer neueren Arbeit benutzt HAWKINS [4] bei der Auswertung von Tabellenwerten für den Begriff der „prozentualen Abscheidung" das vor der Trennung vorhandene Gewicht an abzuscheidenden Trennkörpern als Bezugsbasis.

Wenn auch die Bestimmung des Gewichtes der Trennkörper eine schnelle Auswertung der Versuche ermöglicht, erscheint es doch zweckmäßiger, die Stückzahl der Trennkörper für eine Beurteilung zugrunde zu legen, da die Handverlesearbeit nun einmal auf Einzel- oder Mehrfachgreifen bzw. -schieben basiert. Bei Bestimmung des Abscheideergebnisses über das Trennkörpergewicht ist durch die unterschiedlichen spezifischen Gewichte der einzelnen Trennkörperarten (Mutterkartoffeln, Erdkluten, Steine) keine direkte Relation mit den erwähnten Verlese-Arbeitsbewegungen gegeben.

Eine auf Trennkörperstückzahl bezogene Verhältniszahl für das Abscheideergebnis — im folgenden als Abscheidungsgrad ε bezeichnet — wurde in unseren Untersuchungen schon längere Zeit benutzt, da sie sich auch gut für graphische Darstellungen eignet.

Sie stellt das Verhältnis der durch die Trennvorrichtung ersparten Verlesegriffe zu den vor dem Durchgang durch die Trennvorrichtung erforderlich gewesenen Einzelgriffen dar. Bezeichnet man die Anzahl der durch die Anlage gehenden Kartoffeln mit K und die der Fremdkörper mit F, so ist für vorgesehene Auslese der Fremdkörper

$$\varepsilon_F = \frac{F - (\delta_F \cdot F + \delta_K \cdot K)}{F} = 1 - \left(\delta_F + \frac{\delta_K}{f}\right) \qquad f = \frac{F}{K} = \text{Fremdkörpergehalt} \quad (2)$$

oder für die vorgesehene Kartoffelauslese

$$\varepsilon_K = \frac{K - (\delta_K \cdot K + \delta_F \cdot F)}{K} = 1 - (\delta_K + \delta_F \cdot f)\,. \quad (3)$$

Welche Form des Abscheidungsgrades — besonders bei Felduntersuchungen — gewählt wird, hängt in erster Linie von dem bei den vorliegenden Fremdkörpergehalt bestgeeigneten Verlese-Verfahren ohne mechanische Trennvorrichtungen ab.

Für Laborversuche dürfte der auf Fremdkörperauslese bezogene Abscheidungsgrad ε_F anschaulicher sein.

Bei dem in Laborversuchen meist benutzten Fremdkörpergehalt $f = 1{,}0$ ergibt sich der gleiche Abscheidungsgrad für beide Verlesesysteme, da hier

$$\varepsilon_{F100} = \varepsilon_{K100} = 1 - (\delta_K + \delta_F)\,. \quad (4)$$

Diese drei Größen lassen sich nun in einfacher Weise über einer Versuchsvariante graphisch darstellen und ermöglichen die Ablesung sämtlicher Ergebnisse einer Ver suchsreihe in einem Diagramm (Abb. 3).

Für Trennanlagen, deren Abscheideergebnis nicht durch den Fremdkörpergehalt beeinflußt wird (z. B. bei Einzelstücktrennung) bleibt auch der Prozentsatz der Abscheidung bei den einzelnen Fremdkörperarten konstant. Es läßt sich dann für den beliebigen Fremdkörpergehalt f aus der prozentualen Abscheidung bei 100% Fremdkörpergehalt

$$\delta_{K100} \text{ und } \delta_{F100}$$

der Abscheidungsgrad

$$\varepsilon_{Ff} \text{ bzw. } \varepsilon_{Kf}$$

errechnen und in der angeführten Form (als Addition) darstellen:

$$\varepsilon_{Ff} = 1 - \left(\delta_{F100} + \frac{\delta_{K100}}{f}\right) \tag{4}$$

bzw.

$$\varepsilon_{Kf} = 1 - (\delta_{K100} + \delta_{F100} \cdot f) \tag{5}$$

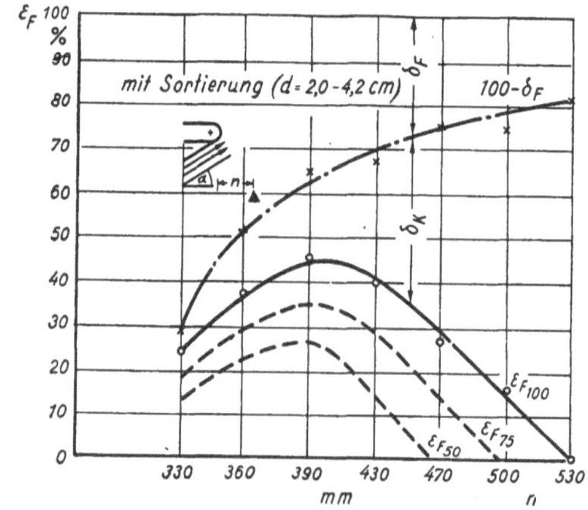

Abb. 3. Darstellung des Abscheidungsgrades ε_F bei einer ausgeführten Trennanlage nach Luftwiderstand mit Vorsortierung
Kartoffel-Steintrennung der Größenfraktion 2,0···4,2 cm, $f = 1{,}0$.
Abstand Zuförderer/Auffangebene: 1000 mm
Abstand der Trennwand-Kartoffel-Steine vom Kante-Zuführband: n [mm]
(mittl. Windgeschwindigkeit: 20 m/s, Neigungswinkel des Luftstromes $\alpha = 30°$)

Praktische Untersuchungen zeigten, daß auch bei Anlagen, deren Arbeit durch unterschiedlichen Fremdkörperanfall beeinflußt wird (z. B. Schrägbänder bei hohen Beimengungen), eine Vorausberechnung an Hand des 100% Beimengungs-Ergebnisses noch für Abschätzungen vertretbare Werte bringen kann (Tab. 1).

Tabelle 1

Tatsächlicher und rechnerischer Abscheidungsgrad bei mechanischer Kartoffelauslesung an einer ausgeführten Vollerntemaschine mit geneigtem Verleseband

(Kart.-Stein-Gemisch; 33 Kart./s; Bandneigung 11°)

$f = \frac{F}{K}$	$\varepsilon_{K\text{tatsächlich}}$	$\varepsilon_{K\text{rechnerisch}}$
1,00	12,7	12,7
0,75	28,4	31,0
0,50	51,3	49,2

Hierdurch ergeben sich Möglichkeiten, sowohl für den praktischen Betrieb die Optimaleinstellungen für unterschiedlichen Fremdkörpergehalt anzugeben, als auch bei Funktionsprüfungen neuer Anlagen von einem Fremdkörpergehalt aus die voraussichtliche Höhe der Abscheidungsgrade bei anderen Beimengungsverhältnissen und die Eignung der Anlage für Fremdkörper- oder Kartoffelabscheidung abzuschätzen.

Es wäre erstrebenswert, wenn — wie auch schon bei anderen landtechnischen Begriffen — auf dem Gebiete der mechanischen Abscheidung kartoffelähnlicher Fremdkörper eine allgemein benutzte Definition für die Wirksamkeit solcher Abscheideanlagen gefunden würde, da z. Zt. ein Vergleich von Versuchsergebnissen aus verschiedenen Ländern nur unter Schwierigkeiten möglich ist. Die vorliegenden Ausführungen möchten als ein Beitrag hierzu aufgefaßt werden.

Zusammenfassung

Es wurden die verschiedenen Möglichkeiten zur Darstellung des Abscheideergebnisses bei der mechanisierten Trennung kartoffelähnlicher Fremdkörper von den Kartoffeln angeführt und ein weiteres Darstellungssystem für diesen Trennvorgang angegeben.

Резюме

Приведены различные возможности изображения результатов отделения инородных картофелеподобных тел от картофеля при механизированном отделении и указана еще одна суистема изображения зтого процесса отделения.

Summary

Various ways of demonstrating the results of separation at the mechanical removal of potato-like foreign substrances from the potatoes are mentioned and a further system of demonstration for this separation process is stated.

Literaturverzeichnis

[1] ANDERSSON, Y.: Versuche zur mechanischen Trennung von Steinen und Kartoffeln. Jordbrukstekniska Institutet. Ultuna, Uppsala. Circulär 5 (1950).

[2] BARTU, J.: Tschechoslowakische Forschungsergebnisse über neue Funktionselemente für Kartoffelerntemaschinen. Probleme der Mechanisierung der Hackfruchternte. Tagungsbericht der DAL Berlin 1956.

[3] HAWKINS, J. C.: Separation of Stones from Potatoes. Agric. Engng Rec., Winter 1947—8. S. 34.

[4] HAWKINS, J. C.: The Design of Potato Harvesters. Journal of Agricultural Engineering Research. Vol. 2 (1957) Nr. 1.

[5] KOLTSCHIN, N. N.: Die pneumatisch-mechanische Trennung der Kartoffelknollen von den Erdkluten. Selchosmaschina H. 3, S. 19 (1957).

[6] MAACK, O.: Die mechanische Trennung von Kartoffeln und Steinen. Prüfung bekannter Verfahren und Entwicklung neuer Methoden unter besonderer Berücksichtigung der unterschiedlichen Eigenschaften von Steinen und Kartoffeln im Luftstrom. Diss. Göttingen 1956.

Aus dem Institut für Landmaschinenlehre der Karl-Marx-Universität Leipzig
Komm. Direktor: Prof. Dr. habil. HENSEL

MARTIN DÖLLING

Untersuchungen über das Abschwemmen von Stallmist in Kanalrohrleitungen

Das Entmisten der Rinder- und Schweineställe in der Landwirtschaft beansprucht neben der Fütterung und der Milchgewinnung im Kuhstall einen wesentlichen Teil der für die Viehhaltung aufzuwendenden Gesamtarbeitszeit. Daher führte das Bemühen um die Erhöhung der Arbeitsproduktivität in der Landwirtschaft in den letzten Jahren zu zahlreichen Formen der Mechanisierung der mit der Stallentmistung zusammenhängenden Arbeiten, insbesondere in Rinderställen und Schweinemastställen. Die mechanisch arbeitenden Verfahren befriedigen nicht völlig, da die am Stallmist nach dem eigentlichen Entmisten zu leistenden Folgearbeiten, wie Stapeln, Verladen sowie Ausfahren und Streuen des Mistes noch einen relativ hohen Aufwand an Arbeitszeit erfordern.

Als neuestes Verfahren entstand mit der Entwicklung von Biogasanlagen durch SCHMIDT-EGGERSGLÜSS [1] die Schwemmentmistung, die den Arbeitsaufwand für die Folgearbeiten gegenüber den herkömmlichen Methoden weitgehend einzuschränken vermag. Bei der Schwemmentmistung wird die im Stall anfallende Flüssigkeit (Harn, Reinigungswasser) mit Hilfe einer Pumpe aus einem Sammelbehälter in das unter dem Stallfußboden verlegte Schwemmkanalrohr gedrückt, aus welchem sie wieder dem Sammelbehälter zufließt. Der im Stall angefallene Mist wird durch Einwurföffnungen dem Flüssigkeitsstrom im Kanalrohr zugeführt und in den Sammelbehälter geschwemmt. In dem Behälter tritt eine weitgehende Trennung von Flüssigkeit und Mist ein, so daß die Schwemmflüssigkeit erneut in den Kreislauf gepumpt werden kann.

Hinsichtlich der Technologie dieses Verfahrens kann man die Schwemmentmistung mit einer stetig arbeitenden Förderanlage mit umlaufenden Förderelementen vergleichen, wie sie z. B. in Form der Kratzerkette auch zur Stallentmistung verwendet wird. Dem Fördertrog, welcher der Führung der Kette und des Transportgutes dient, entsprechen bei der Schwemmentmistung die Druck- und Schwemmleitungen, während der Kratzerkette die in den Leitungen strömende Schwemmflüssigkeit entspricht. Die Aufgabe des mechanischen Antriebsaggregates beim Kratzerförderer übernimmt bei der Schwemmentmistung die Pumpe, die den Schwemmflüssigkeitskreislauf aufrecht erhält. Der besondere Vorteil der Schwemmentmistungsanlage liegt neben der großen Verschleißfestigkeit ihrer Bauteile darin, daß der Mist durch die Art der Förderung aus dem Stall und der gemeinsamen Lagerung mit der im Stall anfallenden Flüssigkeit eine pumpfähige Struktur bekommt, wodurch wesentliche Einsparungen an Arbeitszeit und Kosten für das Lagern, Ausbringen und Verteilen des Mistes auf dem Felde möglich sind [2].

Bei der Projektierung von Schwemmentmistungsanlagen traten jedoch verschiedene Probleme auf, deren umgehende Klärung notwendig war, um eine einwandfreie Funktion der zu errichtenden Anlagen zu gewährleisten und Fehlinvestitionen bei der Errichtung solcher Anlagen zu vermeiden. Da bisher in der Literatur bis auf wenige, das Verfahren nur beschreibende Aufsätze allgemeiner Art noch keine Untersuchungen über dieses Gebiet vorliegen, soll mit dieser Arbeit ein Beitrag zur Lösung der anstehenden Fragen geliefert werden.

Zu den vorhandenen Problemen zählt u. a. die Frage, wie man ein möglichst störungsfreies Abschwemmen des in den Schwemmkanal eingeworfenen Mistes erzielen kann und welche Faktoren hierfür maßgebend sind.

1. Aufgabenstellung

Das Abschwemmen von reinem Schweinekot bereitet keine Schwierigkeiten und vollzieht sich wegen seiner Ähnlichkeit mit den Schmutzstoffen in der städtischen Kanalisation nach den hierfür geltenden Erfahrungen und Gesetzmäßigkeiten [5], [7].

Bei Strohmist liegen jedoch hinsichtlich des Abschwemmens in den Schwemmleitungen wegen seiner Schwimmeigenschaften andere Bedingungen vor, die in dieser Arbeit untersucht werden sollen. —

Das Abschwemmen von Abfallstoffen mit Hilfe von Wasser ist seit langem bekannt und findet verbreitete Anwendung bei den Schwemmkanalisationen der Städte. Bei den städtischen Abfallstoffen, die in die Kanalisation gelangen, handelt es sich in erster Linie um Kotteile und relativ stark zerkleinerte Küchenabfälle. Diese Stoffe kommen mit den Spülwässern bereits sehr stark verdünnt in die Schwemmleitungen und fließen daher in der Regel sofort und ohne Schwierigkeiten ab.

Diese Schmutzstoffe sind zumeist schwerer als Wasser. Für ihren Transport in den Leitungen ist in erster Linie die Schleppkraft des Wassers und somit dessen Geschwindigkeit bzw. das Gefälle der Rohrleitung maßgebend [5].

Wesentlich anders sind die Verhältnisse beim Abschwemmen von Strohmist. Das Raumgewicht von Stapelmist beträgt etwa $\gamma = 0{,}82$ kg/dm³ [6]. Noch geringer ist es bei Frischmist, da bei ihm die lufthaltigen Halmteile des Steuhäcksels noch nicht zerdrückt sind. Demzufolge ist der Mist leichter als Wasser und zählt daher nach der Einteilung von VICARI [7] zu den Schwimmstoffen.

Der abzuschwemmende Mist wird von der Kotplatte in die Einwurföffnung geschoben. Der Mist gelangt also im Gegensatz zu den Abfallstoffen in der städtischen Kanalisation als kompakte Masse unverdünnt in die Schwemmleitung, zerteilt sich nicht sofort in der Schwemmflüssigkeit und füllt den Rohrquerschnitt mehr oder minder aus.

Über das Abschwemmen derartiger Stoffe, d. h. über ihr Inbewegungsetzen in der Rohrleitung durch die strömende Flüssigkeit und über die Faktoren, die auf das Abschwemmen Einfluß nehmen, bestehen noch keine klaren Vorstellungen.

Nach ROSEGGER [3] ist offenbar die Strömungsgeschwindigkeit der Schwemmflüssigkeit der entscheidende Faktor, da er eine optimale Profilgeschwindigkeit angibt und bei langen Schwemmstrecken Änderungen des Gefälles vorschlägt, um diese Geschwindigkeit einhalten zu können.

POCH [4] läßt sich wahrscheinlich von ähnlichen Gedanken leiten, wenn er vorschlägt, bei langen Schwemmleitungen auch noch in der Mitte der Schwemmleitung eine Abzweigung der Druckleitung einmünden zu lassen. Außer dem Gefälle mißt POCH auch noch der Rohrweite, dem Rohrprofil und der Füllhöhe Bedeutung bei.

Aus beiden Quellen ergeben sich keine exakten Begründungen für die geäußerten Meinungen.

Für die Praxis ist es jedoch wichtig zu wissen, ob die genannten Faktoren den ihnen zugedachten Einfluß haben, da die Art der Anlage nachträgliche Änderungen der baulichen Einrichtungen nur unter sehr großen Schwierigkeiten zuläßt. So erfordert z. B. eine große Strömungsgeschwindigkeit ein entsprechend großes Gefälle der Schwemmleitung. Dadurch kann aber bei langen Schwemmstrecken der Bau von Schwemmentmistungsanlagen beträchtlich verteuert werden, da bei tiefer Einmündung der Schwemmleitung in die Sammelgrube Pumpenraum und Sammelgrube häufig im Grundwasser liegen. Außerdem vergrößert sich dadurch das nicht nutzbare Volumen der Sammelgrube und des Pumpenraumes.

Eine exakte Untersuchung der Faktoren, die auf das Abschwemmen von Strohmist Einfluß nehmen, wird damit notwendig.

Da der Transport der eingeworfenen Mistmengen in der Leitung sich im allgemeinen störungsfrei vollzieht, wenn der Mist in Bewegung versetzt worden ist, sollen sich die nachstehenden Betrachtungen und Untersuchungen auf das Beschleunigen des Mistes nach seinem Einwerfen in die Leitung konzentrieren.

Zunächst wird von der visuellen Betrachtung des Abschwemmens ausgegangen.

Mit zunehmender Größe der Einwurfmenge können folgende 4 Fälle nach dem Einwerfen beobachtet werden:

Fall 1: Der eingeworfene Mist wird sofort von der Strömung davongetragen. Die Beschleunigungszeit ist sehr kurz.

Fall 2: Von einer bestimmten Größe der Einwurfmenge an erfolgt das Abschwemmen zwar noch sofort wie im Fall 1, die Beschleunigungszeit ist aber merkbar länger geworden.

Fall 3: Die eingeworfene Mistmenge bleibt auf der Sohle der Einwurföffnung liegen und versperrt der Schwemmflüssigkeit weitgehend den Durchfluß. Das Abschwemmen erfolgt erst nach Verstreichen einer gewissen Zeit (Abschwemmverzug), in der sich hinter der Einwurfmenge ein Anstau bildet.

Fall 4: Der Mist wird zwar in der Einwurföffnung nach Ablauf des Abschwemmverzuges durch den Druck des sich bildenden Staus wie im Fall 3 zunächst noch in Bewegung versetzt, aber er kann wegen der Größe der Einwurfmenge den Querschnitt des in die Einwurföffnung mündenden Rohres nicht mehr passieren.

An diese Beobachtungen können folgende Überlegungen geknüpft werden.

Zu Fall 1)

Die Füllhöhe reicht aus, den Mist völlig schwimmend zu halten (Abb. 1). Der Mist kann als ein fester Körper betrachtet werden, der von einem strömenden Mittel umgeben ist. Für die dynamische Druckkraft P_d, die dieses Mittel auf den Körper ausübt, gilt die Beziehung

$$P_d = c \cdot \frac{\varrho}{2} (v^2 - w^2) \cdot F$$

c = Widerstandsbeiwert
v = Strömungsgeschwindigkeit des Mittels
w = Geschwindigkeit des Mistes in Richtung der Geschwindigkeit des Mittels
ϱ = Dichte des strömenden Mittels
F = größter Querschnitt des eingetauchten Teiles der Mistmenge

Diese Druckkraft und eine im Verhältnis zu ihr kleine Reibungskraft beschleunigen den Körper auf die Geschwindigkeit des strömenden Mittels.

Da der Mist frei schwimmt, hat P_d nur den Trägheitswiderstand der Masse des eingeworfenen Mistes zu überwinden. Deshalb tritt ein Abschwemmen ein, sobald $v > 0$. Die Geschwindigkeit v hat lediglich Einfluß auf die Beschleunigungszeit. Die geschilderte Form des Abschwemmens wäre hier also nur von der Füllhöhe h (Abb. 5) abhängig, die größer als die Schwimmtiefe des Mistes sein muß.

Zu Fall 2)

Die Füllhöhe reicht nicht aus, den eingeworfenen Mist völlig schwimmend zu halten (Abb. 2). Er berührt die Rohrsohle und erfährt einen Reibungswiderstand W. Für die Beschleunigung der Mistmenge steht nur noch die Kraft $P_d - W$ zur Verfügung. Daher vergrößert sich die Beschleunigungszeit.

Da nun $P_d = f(v)$, kann bei zu kleiner Geschwindigkeit $P_d < W$ werden, so daß kein Abschwemmen erfolgt. Daraus ergibt sich: die größte Menge, die noch sofort nach dem Einwerfen abgeschwemmt wird, ist theoretisch außer von der Füllhöhe (s. Fall 1) auch von der Strömungsgeschwindigkeit abhängig. Diese größte Menge wird im folgenden Grenzeinwurfmenge genannt.

Zu Fall 3)

Die Einwurfmenge benötigt eine Schwimmtiefe, die wesentlich größer ist als die vorhandene Füllhöhe. Der Mist lagert daher nach dem Einwerfen auf der Rohrsohle und versperrt der Schwemmflüssigkeit den Durchfluß (Abb. 3). Die Strömungsgeschwindigkeit wird gleich Null. Dementsprechend wird die dynamische Druckkraft P_d auch gleich Null. Zum Abschwemmen muß die Höhe des sich hinter der Einwurfmenge bildenden Staues so groß werden, daß die statische Druckkraft P_s größer wird als der Reibungswiderstand W des Mistes auf der Sohle der Einwurföffnung. $P_s > W$.

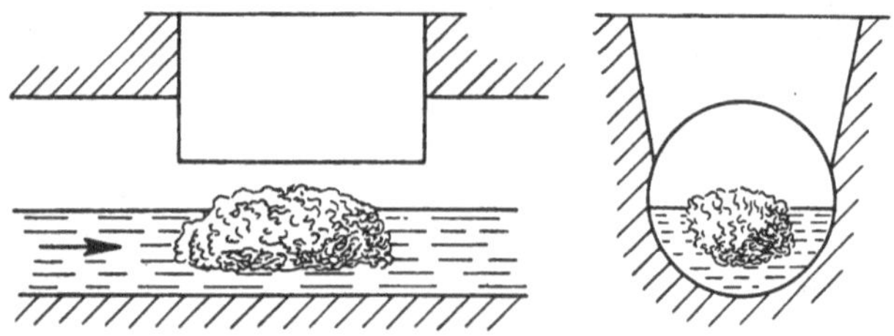

Abb. 1

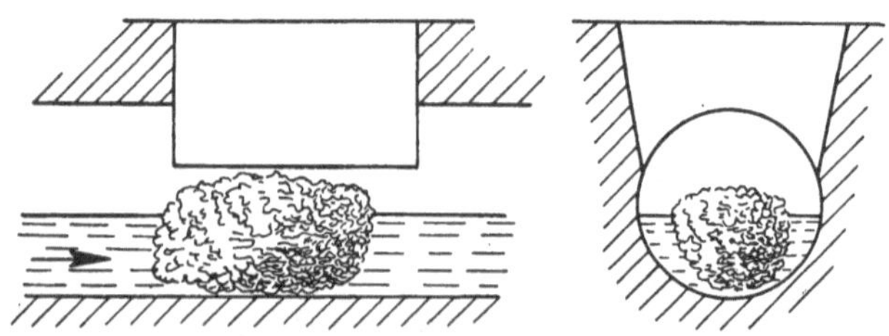

Abb. 2

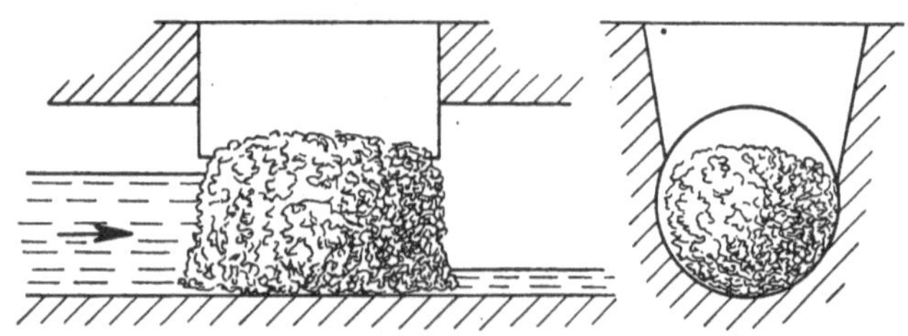

Abb. 3

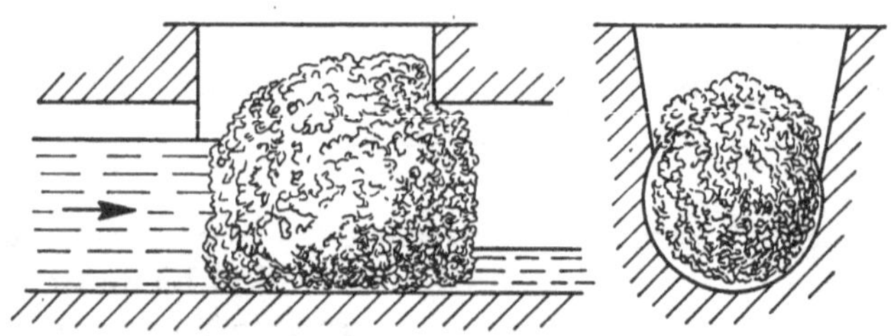

Abb. 4

Abb. 1—4. Die vier Fälle beim Abschwemmen

Zu Fall 4)

Der gegebene Rohrquerschnitt begrenzt die Einwurfmenge, die überhaupt noch abgeschwemmt werden kann, wie ein Flaschenhals die Aufnahme eines zu großen Stopfens verhindert (Abb. 4). Die Höchstmenge, die den gegebenen Rohrquerschnitt noch zu passieren vermag, wird maximale Passiermenge genannt.

Ein weiterer Faktor, der für das Abschwemmen in den Fällen 2 und 3 Bedeutung haben könnte, ist das Gefälle der Rohrleitung. Für Stallmist auf einer geglätteten Zementfläche, wie sie auf der Sohle der Einwurföffnung vorhanden ist, beträgt der Reibungsfaktor $\mu = 0{,}6$ [13], d. h., der Tangens des Reibungswinkels α ist $\operatorname{tg} \alpha = 0{,}6$. Das bedeutet, daß bei einem Gefälle von 2%, wie es nur bei Schwemmentmistungsanlagen in stark hängigem Gelände vorkommen dürfte, die in Richtung des Gefälles auf die Einwurfmenge wirkende Schwerkraftkomponente $\frac{0{,}02}{0{,}6} = \frac{1}{30}$ der Reibungskraft beträgt.

Daraus folgt, daß ein direkter Einfluß des Gefälles auf das Abschwemmen praktisch nicht wirken kann.

Inwiefern ein indirekter Einfluß des Gefälles über die sich in Abhängigkeit von ihm ausbildende Geschwindigkeit und Füllhöhe der Schwemmflüssigkeit besteht, soll des weiteren geklärt werden.

Zusammenfassung der Aufgabenstellung

Die in den Fällen 1 bis 4 beobachteten Erscheinungen sind an die Größe der Einwurfmenge geknüpft.

Daher soll im folgenden untersucht werden, welchen Einfluß Füllhöhe und Strömungsgeschwindigkeit auf die Größe der Grenzeinwurfmenge haben. Weiterhin ist zu untersuchen, von welchen Faktoren die Dauer des Abschwemmverzuges beim Überschreiten der Grenzeinwurfmenge abhängig ist und welche Faktoren neben der Rohrweite auf die Größe der maximalen Passiermenge einwirken.

2. Versuchsanordnung

2.1 Theoretisches zur Versuchsanordnung

In der anschließenden Betrachtung bedeuten:

h = Füllhöhe im Rohr

F = durchströmter Querschnitt

U = benetzter Rohrumfang

R = hydraulischer Radius $= \frac{F}{U}$

Q = Durchflußmenge

J = Gefälle

v = Strömungsgeschwindigkeit

r = Radius des Rohrquerschnittes
k = Faktor
φ = Zentriwinkel des Kreisabschnittes F

F errechnet sich aus der Flächenformel für den Kreisabschnitt:

$$F = \left(\frac{\pi \cdot \varphi}{180} - \sin \varphi\right) \frac{r^2}{2}$$

φ läßt sich nach Abb. 5 errechnen aus

$$\cos \frac{\varphi}{2} = \frac{r - h}{r}$$

Bei gegebener Rohrgröße ist also die Füllhöhe h eine Funktion des durchströmten Querschnittes F.

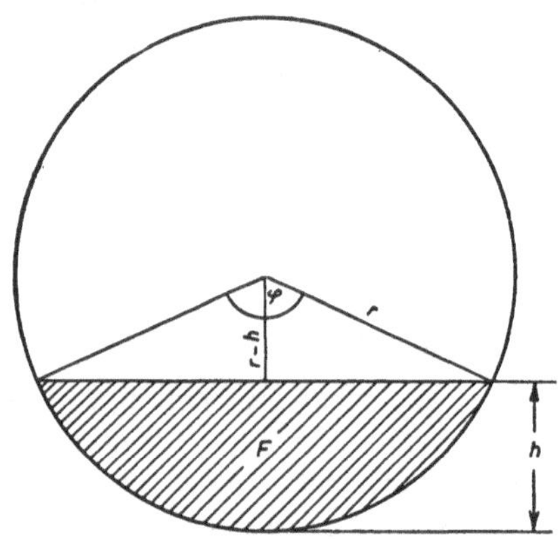

Abb. 5. Ermittlung des durchströmten Querschnittes

Die Durchflußmengengleichung lautet:

$$Q = F \cdot v$$

Für die Strömungsgeschwindigkeit in Gerinnen mit Gefälle gilt allgemein [11]

$$v = k \sqrt{R \cdot J}$$

Aus den letzten 4 Gleichungen folgt, daß der durchflossene Querschnitt F und somit auch die Füllhöhe h sowie die Strömungsgeschwindigkeit v abhängig sind von der Durchflußmenge Q und dem Gefälle J.

Mit Zunahme des Gefälles steigt die Geschwindigkeit und sinkt die Füllhöhe, während mit zunehmender Durchflußmenge Geschwindigkeit und Füllhöhe steigen.

Um den Einfluß von Geschwindigkeit und Füllhöhe auf die maximale Einwurfmenge zu untersuchen, wurden dementsprechend bei der Versuchsanlage Durchflußmenge und Gefälle variiert, die Füllhöhe und die Strömungsgeschwindigkeit ermittelt und deren Wirkung auf die Größe der Grenzeinwurfmenge registriert.

Drau

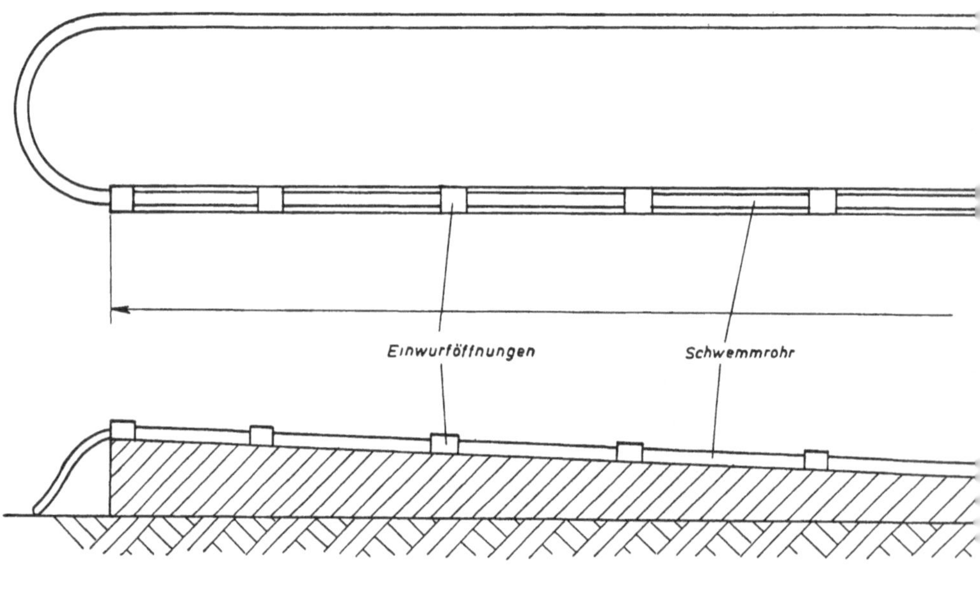

Abb. 6. Vers

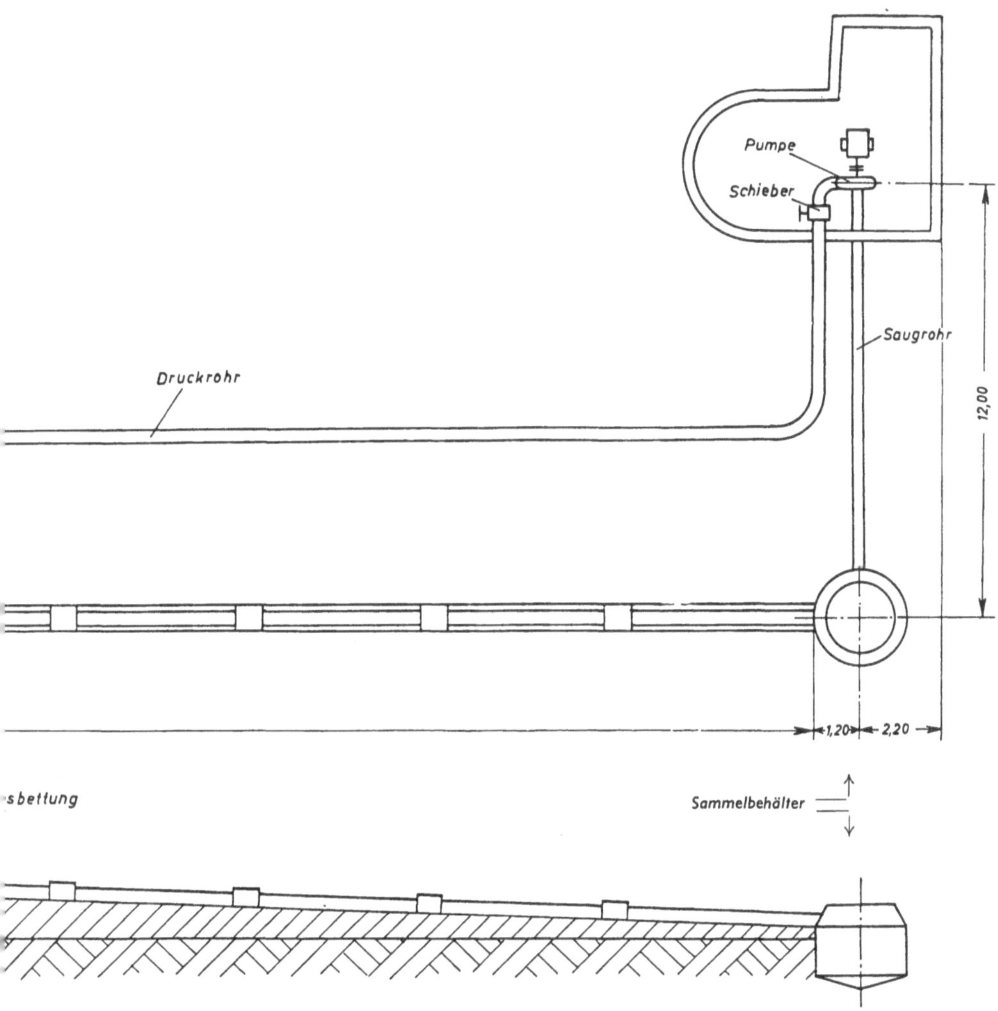

wemmleitung)

Weiterhin wurden die Wirkungen verschiedener Durchflußmengen und Gefälle auf den Abschwemmverzug beim Überschreiten der Grenzeinwurfmenge sowie auf die maximale Passiermenge untersucht.

2.2. Beschreibung der Versuchungsanlage

Die Versuchsanlage (Abb. 6) bestand aus einer 50 m langen Schwemmleitung, dem Sammelbehälter, der Saugleitung vom Sammelbehälter zur Pumpe, der Pumpe und der Druckleitung von der Pumpe zur Schwemmleitung. Letztere bestand aus glasierten Steinzeugrohren und war oberirdisch auf einer Kiesbettung verlegt worden, so daß das Gefälle der Leitung verändert werden konnte. Der Durchmesser der Schwemmleitung betrug 30 cm und entsprach somit der bei der Schwemment-

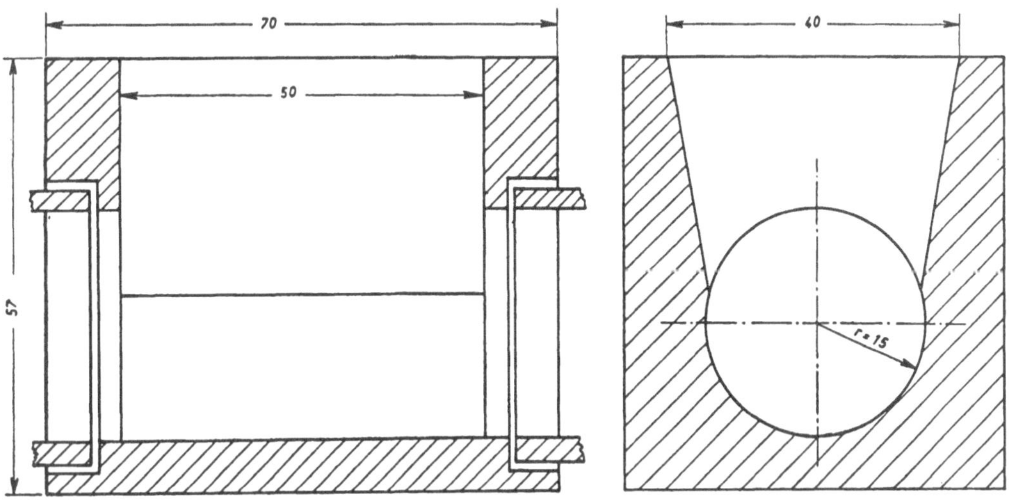

Längsschnitt Querschnitt

Abb. 7 Einwurfsöffnung

mistung allgemein eingeführten Rohrgröße. In die Schwemmleitung waren in Abständen von 5,55 m 9 Einwurföffnungen aus Beton eingebaut (Abb. 7). Der Sammelbehälter unter der Einmündung der Schwemmleitung hatte ein Volumen von 8 m³. Als Pumpe wurde eine einstufige Kreiselpumpe, Modell NC 4 kl vom VEB Pumpenwerk Karl-Marx-Stadt verwendet, in welcher eine der beiden Öffnungen im Kanalrand zugeschweißt worden war, um Verstopfungen der Pumpe zu vermeiden.

Die Pumpe und Sammelbehälter verbindende Saugleitung hatte einen lichten Durchmesser von 100 mm und mündete in den Behälter unmittelbar über dessen Boden. Die Pumpe stand auf Zulauf.

Die Druckleitung bestand aus Fäkaliensaugrohren mit 120 mm lichter Weite und mündete mit einem Schlauch gleichen Durchmessers in die Schwemmleitung. Zwischen Pumpe und Druckleitung befand sich ein Keilflachschieber zur Regulierung der Durchflußmenge. Mit Hilfe der Pumpe konnte ein Flüssigkeitskreislauf vom Sammelbehälter über Saugleitung, Pumpe, Druckleitung und über die Schwemmleitung wieder zurück in den Sammelbehälter hergestellt werden. Die Messung der Durchflußmenge Q erfolgte mit Hilfe eines Meßbehälters von 500 l Inhalt. Nachdem nach Einschalten der Pumpe der oben beschriebene Flüssigkeitskreislauf sich geschlossen hatte, wurde der Schlauch am Ende der Druckleitung über den Meßbehälter geschwenkt und die zur Füllung des Behälters notwendige Zeit gestoppt. Das Behältervolumen V_B dividiert durch die ermittelte Füllungszeit t ergibt die Durchflußmenge Q:

$$Q\,[\mathrm{l/s}] = \frac{V_B\,[\mathrm{l}]}{t\,[\mathrm{s}]}\,.$$

Um trotz des wallenden Inhalts des Meßbehälters beim Füllen und der sich bildenden Schaumdecke den Grad der Behälterfüllung einwandfrei erkennen zu können, wurde in den Behälter ein leichtes Brett gelegt, das sich mit dem Flüssigkeitsspiegel hob und die Oberfläche beruhigte. Zwecks Prüfung dieser Meßmethode wurde bei einer beliebig gewählten Regulierschieberstellung die gleiche Messung mehrmals wiederholt. Das Ergebnis zeigt folgende Tabelle.

Tabelle 1

Prüfung der Durchflußmengen-Meßmethode

Füllungszeit	Abweichungen vom Mittelwert	
s	s	%
81	—2,2	2,6
85	+1,8	2,2
83	—0,2	0,2
83	—0,2	0,2
82	—1,2	1,4
85	+1,8	2,2
Mittel 83,2		

Die Abweichung vom Mittelwert betrug hiernach unter 3%.

3. Durchführung der Versuche

Die Versuche über das Abschwemmen von Stallmist wurden bei verschiedenen Durchflußmengen und Gefällen durchgeführt. Die Durchflußmengen wurden auf 5, 10, 15 und 20 l/s einreguliert. Eine weitere Erhöhung der Durchflußmenge war aus technischen Gründen nicht möglich.

Das Gefälle betrug 0,015, 0,010 und 0,005 m/m bzw. 1,5, 1,0 und 0,5%. Das ist der Gefällebereich, der für die Schwemmentmistung praktisch in Betracht kommt.

Um den natürlichen Bedingungen möglichst nahe zu sein, wurden vor Beginn der Versuche etwa 10 dz Mist in den Sammelbehälter geschwemmt, damit die wieder aus dem Behälter abzusaugende Schwemmflüssigkeit den in der Praxis zu erwartenden Grad der Verunreinigung aufwies.

Als Mist kam Rindermist zur Verwendung mit einer Einstreumenge von 3 bis 3,5 kg/GV. Die Häcksellänge der Einstreu betrug 5 cm.

3.1 Füll- und Stauhöhenmessung

Zunächst wurden bei den verschiedenen Gefällen die Füllhöhen in Abhängigkeit von der Durchflußmenge ermittelt. Die Messung der Füllhöhe wurde an jeder Einwurföffnung vorgenommen und zwar als Differenz der senkrechten Entfernungen von einem Festpunkt über der jeweiligen Öffnung zur Rohrsohle und zum Wasserspiegel (Abb. 8).

$h = b - a$

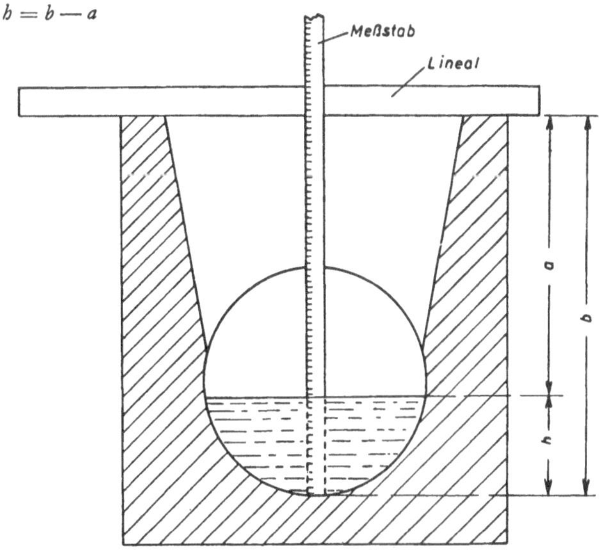

Abb. 8 Füll- und Stauhöhenmessung

Die Füllhöhenmessung wurde an nur acht Einwurföffnungen durchgeführt, da in die Öffnung am Anfang der Leitung die Druckleitung mündete und die Strömung hier noch nicht beruhigt war.

Die Messung der Stauhöhen, die sich beim Überschreiten der Grenzeinwurfmenge zum Abschwemmen herausbilden mußten, erfolgte in gleicher Weise wie bei der Füllhöhenmessung. Es wurde unmittelbar hinter der Einwurfmenge jeweils die Stauhöhe im Moment des Abschwemmens gemessen.

3.2 Abschwemmversuche

Zur Ermittlung der Grenzeinwurfmengen, des Abschwemmverzuges und der Stauhöhen sowie der maximalen Passiermenge wurde die jeweils vorher auf einer Dezimalwaage gewogene Mistmenge mit einer breiten Schaufel auf einmal in eine der Einwurföffnungen geworfen. Zunächst wurde festgestellt, welche Mistmenge bei der jeweils eingestellten Durchflußmenge und dem vorhandenen Gefälle noch sofort abgeschwemmt wurde. Daraufhin wurde die Mistmenge vergrößert, und der Abschwemmverzug und die Stauhöhen wurden gemessen.

Der Abschwemmverzug umfaßt den Zeitraum vom Einwerfen bis zum meistens plötzlich erfolgenden Inbewegungsetzen des Mistes noch in der Einwurföffnung.

Weiterhin wurde bei den verschiedenen Gefällen für jede Durchflußmenge die Größe der Einwurfmenge ermittelt, die noch ohne merkliche Behinderung durch den Rohrquerschnitt abgeschwemmt wurde.

4. Versuchsergebnisse

4.1 Füllhöhen

Tab. 2 zeigt die gemessenen Füllhöhen als Funktion von Durchflußmenge und Gefälle (Abb. 9).

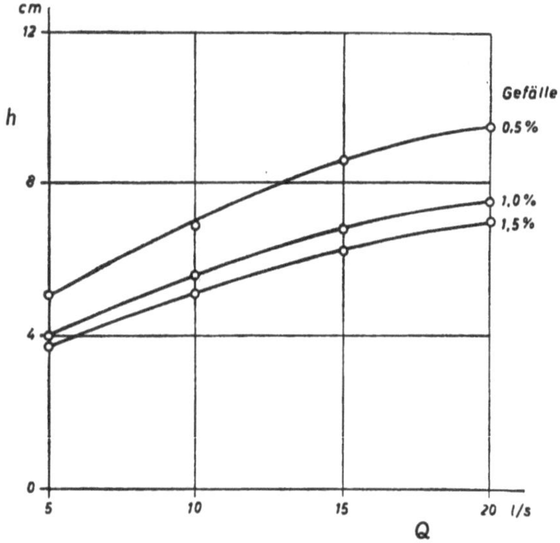

Abb. 9 Füllhöhe h als Funktion der Durchflußmenge Q versch. Gefälle

Die Werte für die Füllhöhen an den einzelnen Einwurföffnungen zeigen, daß die Füllhöhen an allen Stellen der Leitung praktisch gleich waren.

Tabelle 2
Füllhöhe *h* in cm als Funktion von Durchflußmenge *Q* und Gefälle *J*

J %	Einwurföffnung Nr.	*Q* [l/s] 5	10	15	20
1,5	1	3,8	5,2	6,3	7,1
	2	3,8	5,2	6,2	7,0
	3	3,7	5,1	6,2	7,0
	4	3,7	5,1	6,2	7,0
	5	3,6	5,0	6,1	6,9
	6	3,7	5,1	6,2	7,0
	7	3,6	5,1	6,2	7,0
	8	3,6	5,1	6,2	7,0
	Mittel	3,7	5,1	6,2	7,0
1,0	1	4,1	5,7	6,7	7,4
	2	4,0	5,6	6,8	7,5
	3	4,0	5,6	6,8	7,6
	4	4,0	5,5	6,8	7,5
	5	4,1	5,6	6,9	7,6
	6	3,9	5,5	6,7	7,4
	7	3,9	5,5	6,8	7,5
	8	3,7	5,5	6,6	7,4
	Mittel	4,0	5,6	6,8	7,5
0,5	1	5,2	7,0	7,9	9,3
	2	5,0	6,9	8,5	9,8
	3	5,1	7,0	8,5	9,7
	4	5,0	6,9	8,6	9,6
	5	4,8	6,6	8,3	9,4
	6	5,1	7,1	8,7	9,6
	7	5,0	6,8	8,6	9,4
	8	4,8	6,8	8,5	9,6
	Mittel	5,0	6,9	8,5	9,5

4.2 Strömungsgeschwindigkeiten

Die Strömungsgeschwindigkeiten wurden ermittelt aus der Gleichung

$$Q = v \cdot F$$

worin F aus der Flächengleichung für den Kreisabschnitt (s. S. 14) errechnet wurde (Abb. 10).

Tabelle 3
Strömungsgeschwindigkeit als Funktion von Durchflußmenge und Gefälle in m/s

Gefälle %	Durchflußmenge [l/s] 5	10	15	20
1,5	1,00	1,25	1,42	1,55
1,0	0,91	1,11	1,26	1,38
0,5	0,69	0,85	0,95	1,04

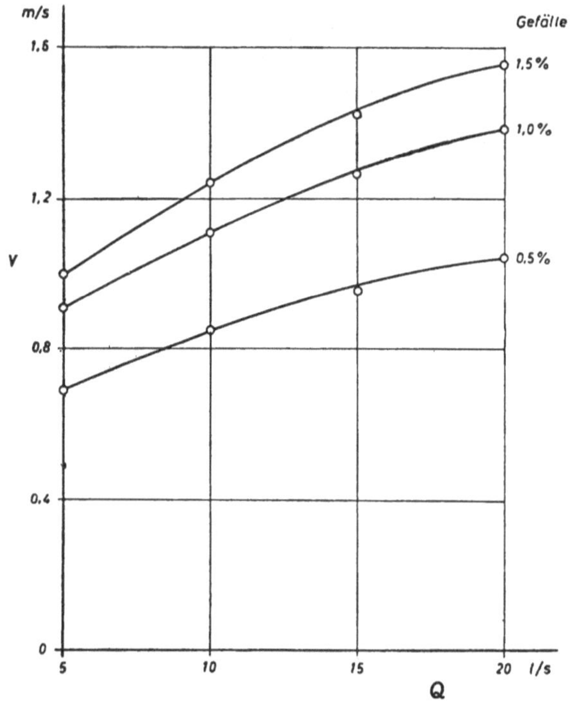

Abb. 10. Geschwindigkeit v als Funktion der Durchflußmenge Q bei versch. Gefälle

4.3 Grenzeinwurfmengen

In Tab. 4 sind die Höchstmengen, die noch unmittelbar nach dem Einwerfen abgeschwemmt wurden, in Abhängigkeit von Durchflußmenge und Gefälle dargestellt (s. auch Abb. 11).

Tabelle 4

Grenzeinwurfmengen in kg (vgl. auch Tab. 5)

Gefälle %	Durchflußmenge [l/s] 5	10	15	20
1,5	1,5	3,5	4,5	5,5
1,0	2,0	4,0	5 0	6,0
0,5	3,0	5,0	6,0	8,0

Die Erklärung der Tatsache, daß in dem untersuchten Bereich die Größe der Grenzeinwurfmenge mit abnehmendem Gefälle steigt, folgt in der Besprechung der Ergebnisse.

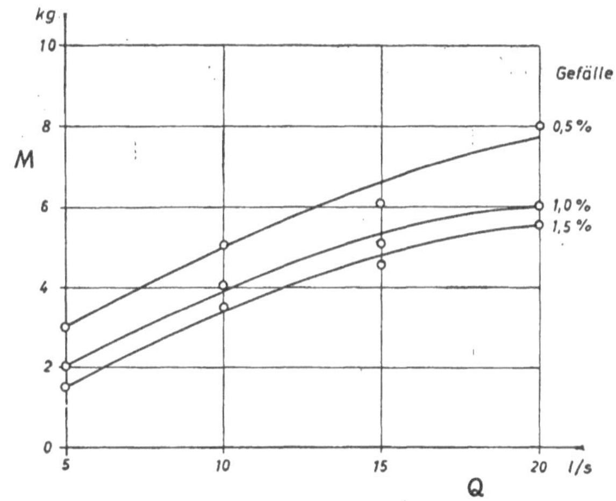

Abb. 11. Grenzeinwurfsmenge M als Funktion der Durchflußmenge Q bei versch. Gefälle

4.4 Abschwemmverzug

Beim Überschreiten der Grenzeinwurfmenge trat nach dem Einwerfen der sogenannte Abschwemmverzug ein. Folgende Zeiten für den Abschwemmverzug wurden für die verschiedenen Einwurfmengen ermittelt (Tab. 5).

Der Wert 0 in der Tabelle bedeutet, daß die eingeworfene Mistmenge sofort nach dem Einwerfen abgeschwemmt wurde, der Abschwemmverzug also gleich Null war. Das Zeichen — bedeutet, daß hier keine Messung vorgenommen wurde.

Die in den Tabellen 5 bis 7 enthaltenen Zahlen sind Mittelwerte aus mehreren Messungen, deren Werte im Institut für Landmaschinenlehre der Karl-Marx-Universität Leipzig eingesehen werden können.

4.5 Stauhöhen

Beim Überschreiten der Grenzeinwurfmenge mußten sich zum Abschwemmen folgende Stauhöhen herausbilden (Tab. 6).

4.6 Maximale Passiermengen

Die größten Einwurfmengen, die noch ohne Behinderung durch den Rohrquerschnitt abgeschwemmt wurden, zeigt Tab. 7.

5. Besprechung der Ergebnisse

Ziel der Versuche war es zunächst, die Faktoren zu finden, die einen Einfluß auf die Größe der Grenzeinwurfmenge haben.

Tabelle 5

Abschwemmverzug in s in Abhängigkeit von der Einwurfmenge bei verschiedenen Durchflußmengen und Gefällen

Gefälle	Einwurf-menge	Durchflußmenge [l/s]			
%	kg	5	10	15	20
	15	88	46	30	14
	10	49	22	10	5
	8	34	12	5	2
	6	20	5	2	1
	5,5	—	—	—	0
1,5	5	16	2	1	0
	4,5	—	—	0	0
	4	9	1	0	0
	3,5	—	0	0	0
	3	5	0	0	0
	2	2	0	0	0
	1,5	0	0	0	0
	15	114	55	37	19
	10	62	26	13	10
	8	42	15	6	7
	6,5	—	—	—	3
	6	23	5	4	0
1,0	5,5	—	—	2	0
	5	—	2	0	0
	4	10	0	0	0
	3	5	0	0	0
	2,5	3	0	0	0
	2	0	0	0	0
	15	150	71	46	25
	10	85	34	18	6
	8	56	21	8	0
	7	—	14	2	0
0.5	6,5	—	—	0	0
	6	28	7	0	0
	5	—	0	0	0
	4	12	0	0	0
	3	0	0	0	0

Die variierten Größen bei den Versuchen waren Durchflußmenge und Gefälle und in Abhängigkeit von diesen Strömungsgeschwindigkeit und Füllhöhe.

Weiterhin wurde die Wirkung von Durchflußmenge und Gefälle auf das Abschwemmen beim Überschreiten der Grenzeinwurfmenge und auf die Größe der maximalen Passiermenge untersucht.

5.1 Grenzeinwurfmenge

In der Aufgabenstellung wurde dargelegt, daß für die Größe der Grenzeinwurfmenge nur die Füllhöhe und die Strömungsgeschwindigkeit Bedeutung haben können.

Tabelle 6

Stauhöhen in cm als Funktion der Einwurfmenge bei verschiedenen Gefällen

Gefälle %	Einwurfmenge kg		Durchflußmenge [l/s] 5	10	15	20
		zugehörige Füllhöhe	3,7	5,1	6,2	7,0
	15		25	25	25	24
	10		18	18	18	17
	8		17	17	16	16
	6		15	15	14	14
1,5	5		14	14	+	+
	4		12	+	+	+
	3		11	+	+	+
	2		9	+	+	+
		zugehörige Füllhöhe	4,0	5,6	6,8	7,5
	15		26	26	24	24
	10		19	18	18	17
	8		17	18	17	16
	6		16	15	14	+
1,0	5			14	+	+
	4		12	+	+	+
	3		11	+	+	+
	2,5		9	+	+	+
		zugehörige Füllhöhe	5,0	6,9	8,5	9,5
	15		27	27	27	26
	10		21	21	19	20
	8		18	17	16	14
0,5	7		16	15	15	+
	6		15	14	+	+
	5		13	+	+	+
	4		13	+	+	+

\+ bedeutet, daß der Mist ohne Anstau abgeschwemmt wurde.

Tabelle 7

Maximale Passiermengen in kg bei verschiedenen Durchflußmengen und Gefällen (s. auch Abb. 16)

Gefälle %	Durchflußmenge [l/s] 5	10	15	20	Mittel
1,5	8,0	7,5	7,9	8,7	8,0
1,0	7,5	8,0	7,4	8,8	7,9
0,5	7,5	8,0	7,6	8,0	7,8
Mittel	7,7	7,8	7,6	8,5	7,9

5.11 Einfluß der Strömungsgeschwindigkeit

Die Untersuchung des Einflußes der Strömungsgeschwindigkeit muß bei gleicher Füllhöhe durchgeführt werden, um deren Einfluß auszuschalten.

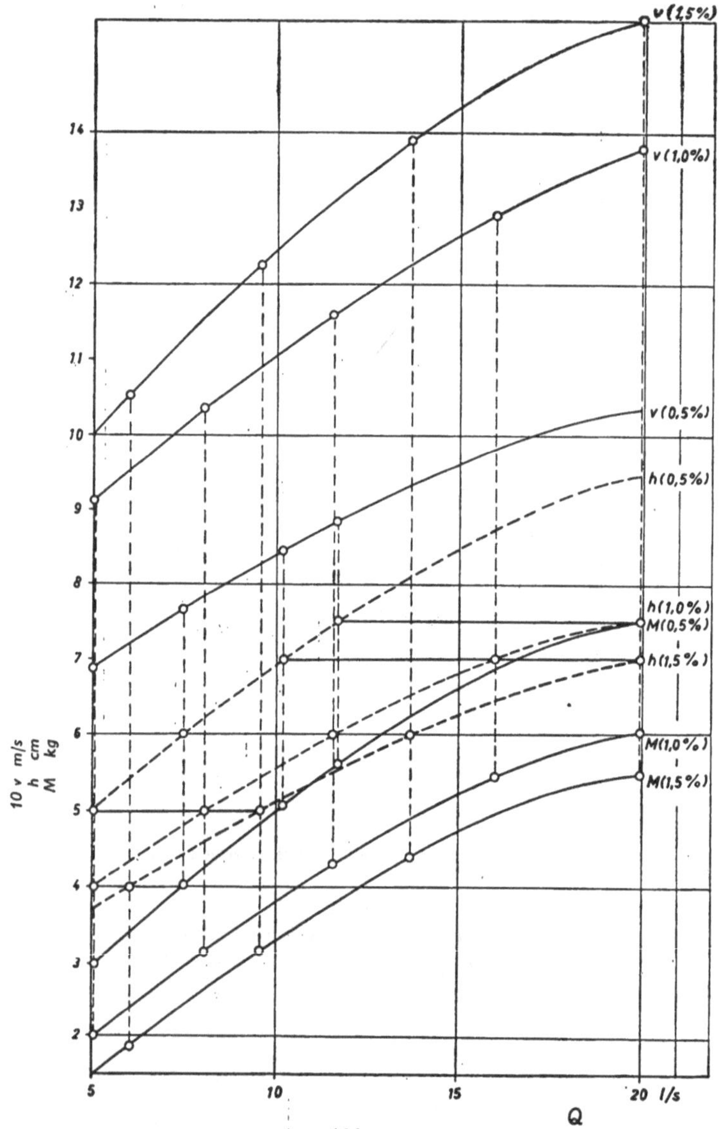

Abb. 12
Reduzierung der Geschwindigkeiten auf gleiche Füllhöhen

Da aber auf Grund der Versuchsanordnung und Versuchsdurchführung jeder Strömungsgeschwindigkeit trotz Veränderung von Durchflußmenge und Gefälle eine andere Füllhöhe entsprach (vgl. Tab. 2 und 3), mußten nachträglich die Strömungsgeschwindigkeiten auf gleichbleibende Füllhöhen reduziert werden. Diese Reduzierung wurde graphisch vorgenommen. Zu diesem Zweck wurden die Strömungsgeschwindigkeiten, Füllhöhen und Grenzeinwurfmengen aus den Tab. 2, 3 und 4 über der Durchflußmenge aufgetragen (Abb. 12). Daraufhin wurden 5 waagerechte Geraden als Linien gleicher Füllhöhe durch die Füllhöhenkurven gelegt. Die Geraden schnitten diese Kurven bei den Füllhöhen 4, 5, 6, 7 und 7,5 cm. Durch diese Schnittpunkte wurden senkrechte Geraden gezogen. Der Schnittpunkt dieser Geraden mit der der Füllhöhenkurve hinsichtlich des Gefälles entsprechenden Geschwindigkeitskurve gibt die der betreffenden Füllhöhe zugeordnete Geschwindigkeit an. Auf diese Weise wurden dreimal für je drei und zweimal für je zwei gleiche Füllhöhen verschiedene Geschwindigkeiten ermittelt. Der Schnittpunkt der senkrechten Geraden mit den entsprechenden Kurven für die Grenzeinwurfmenge ergaben die dem darüberliegenden Schnittpunkt mit der Geschwindigkeitskurve zugeordneten Wert für die Grenzeinwurfmenge. Die auf diese Art ermittelten Werte sind in der Tab. 8 zusammengefaßt.

Tabelle 8

Einfluß der Strömungsgeschwindigkeit auf die Grenzeinwurfmenge

Füllhöhe	Gefälle	Geschwindigkeit		max. Einwurfmenge	
cm	%	m/s	%	kg	%
	0,5	—	—	—	—
4	1,0	0,91	100	2,0	100
	1,5	1,05	115	1,9	95
	0,5	0,69	100	3,0	100
5	1,0	1,04	151	3,1	103
	1,5	1,22	181	3,15	105
	0,5	0,77	100	4,0	100
6	1,0	1,16	151	4,3	107
	1,5	1,38	179	4,4	110
	0,5	0,85	100	5,1	100
7	1,0	1,29	152	5,4	106
	1,5	1,55	182	5,5	108
	0,5	0,89	100	5,6	100
7,5	1,0	1,38	155	6,0	107
	1,5	—	—	—	—

Die graphische Darstellung dieser Werte zeigt, daß die Strömungsgeschwindigkeit in dem untersuchten Bereich trotz verschiedenen Gefälles einen nur sehr geringen

Einfluß auf die Größe der Grenzeinwurfmenge ausübt (Abb. 13). So erhöht sich die Grenzeinwurfmenge bei einer Vergrößerung der Strömungsgeschwindigkeit um 80%, im Höchstfalle um 10%. Daß bei 4 cm Füllhöhe (s. Abb. 13) die Grenzeinwurfmenge mit zunehmender Geschwindigkeit sogar sinkt, scheint zufällig zu sein und ist nicht gesichert.

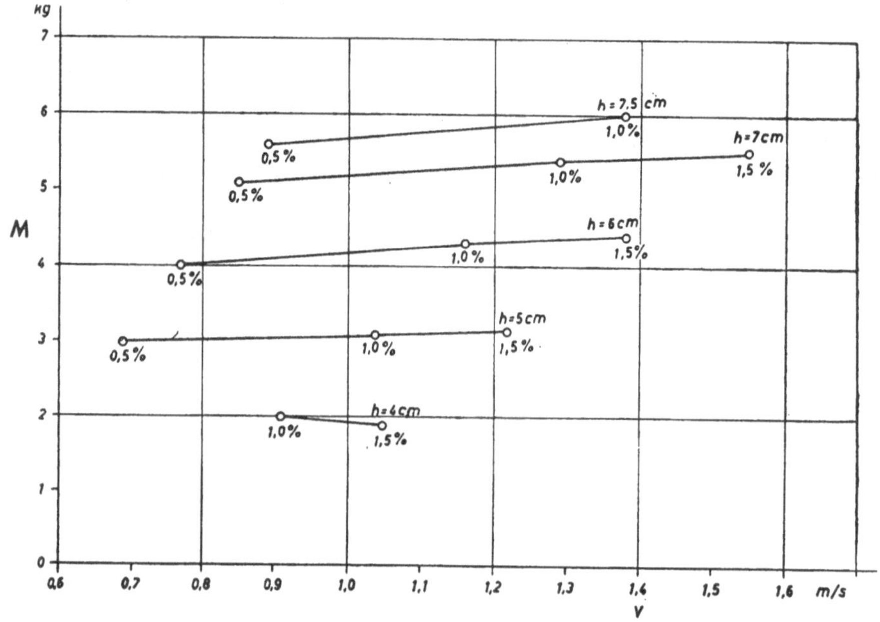

Abb. 13. Grenzeinwurfmenge M als Funktion der Geschwindigkeit v bei versch. Füllhöhen

Somit hat die Strömungsgeschwindigkeit für das Abschwemmen nicht die Bedeutung, die ihr von ROSEGGER und POCH beigemessen wurde.

Hiermit sei nichts ausgesagt über die Beziehung zwischen Strömungsgeschwindigkeit und Abschwemmleistung (Mistmenge pro Zeiteinheit), da hier die Geschwindigkeit einen Einfluß haben kann. Diese Frage wurde nicht untersucht.

5.12 Einfluß der Füllhöhe

Bereits aus der Tab. 8 und der Abb. 13 wird eine gewisse Gesetzmäßigkeit in der Beziehung zwischen Füllhöhe und Grenzeinwurfmenge erkennbar. So entspricht offensichtlich jeder Füllhöhe eine bestimmte Grenzeinwurfmenge, ziemlich unabhängig davon, wie groß Gefälle und Strömungsgeschwindigkeit sind. Der dominierende Einfluß der Füllhöhe auf die Größe der maximalen Einwurfmenge tritt noch klarer hervor, wenn man die Werte für die Grenzeinwurfmenge aus der Tab. 4

mit den entsprechenden Füllhöhen aus Tab. 2 zusammenstellt (Tab. 9) und diese Beziehung graphisch wiedergibt (Abb. 14).

Tabelle 9

Beziehung zwischen Füllhöhe und Grenzeinwurfmenge

Gefälle (%)	1,5				1,0				0,5			
Füllhöhe [cm]	3,7	5,1	6,2	7,0	4,0	5,6	6,8	7,5	5,0	6,9	8,5	9,5
Grenzeinwurfmenge [kg]	1,5	3,5	4,5	5,5	2,0	4,0	5,0	6,0	3,0	5,0	6,5	8,0

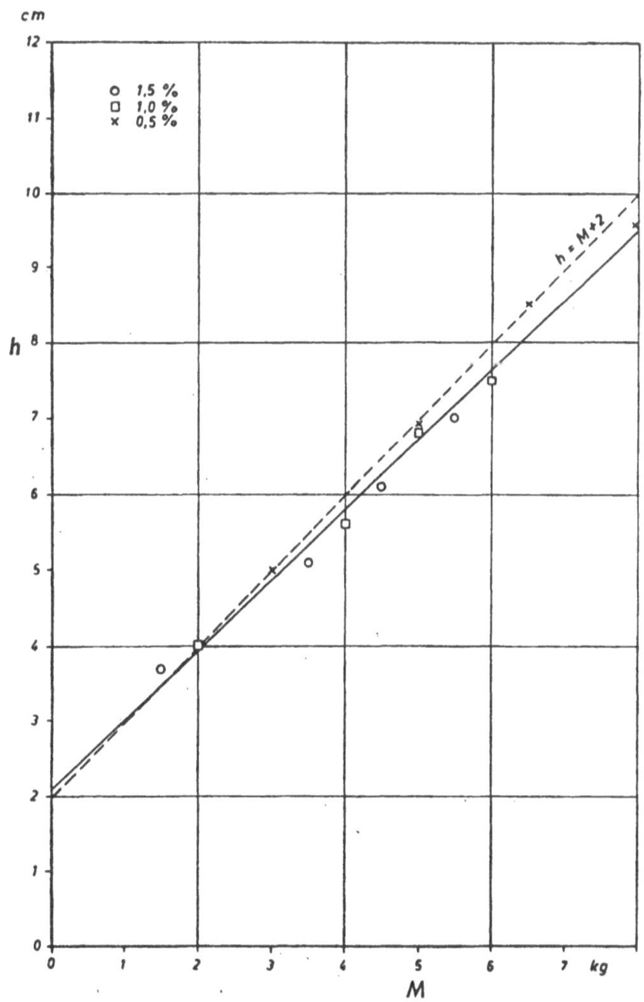

Abb. 14. Grenzeinwurfmenge M als Funktion der Füllhöhe h bei versch. Gefälle

Abb. 14 zeigt eine lineare Abhängigkeit der Größe der Grenzeinwurfmenge von der Füllhöhe.

Somit erweist sich die Füllhöhe als der für das Abschwemmen entscheidende Faktor.

Aus der Abb. 14 ergibt sich die zum Abschwemmen der Einwurfmenge M in kg notwendige Füllhöhe h in cm annähernd zu

$$h = M + 2$$

bzw. die Grenzeinwurfmenge M als Funktion der Füllhöhe entsprechend zu

$$M = h - 2$$

Aus dieser direkten Abhängigkeit der Grenzeinwurfmenge von der Füllhöhe erklärt sich die in Tab. 4 (S. 20) dargestellte Wirkung von Durchflußmenge und Gefälle auf die Größe der Grenzeinwurfmenge.

So ist die Vergrößerung der Grenzeinwurfmenge bei Erhöhung der Durchflußmenge auf die durch letztere bedingte Füllhöhenzunahme zurückzuführen.

Andererseits verringert sich mit einer Gefälleabnahme die Strömungsgeschwindigkeit, was eine Vergrößerung des durchströmten Querschnittes und somit auch der Füllhöhe zur Folge hat. Daraus erklärt sich die zunächst nicht ganz verständliche Tatsache, daß sich bei Verminderung des Gefälles die Grenzeinwurfmenge vergrößert.

5.2 Das Abschwemmen beim Überschreiten der Grenzeinwurfmenge

Wird die Grenzeinwurfmenge überschritten, so lagert sich der Mist auf der Sohle der Einwurföffnung und bleibt zunächst liegen. Dadurch versperrt er der Schwemmflüssigkeit weitgehend den Durchfluß, so daß sich hinter der eingeworfenen Mistmenge solange ein Flüssigkeitsstau bildet, bis dessen Druckkraft die zwischen Mist und Sohle wirkende Reibungskraft überwindet und die Einwurfmenge abschwemmt. Die vom Einwerfen bis zum Abschwemmen verstreichende Zeit ist der Abschwemmverzug. Sie verkürzt sich mit Zunahme von Durchflußmenge und Gefälle und vergrößert sich mit der Einwurfmenge (Tab. 5).

Wenn einleitend behauptet wurde, daß beim Überschreiten der Grenzeinwurfmenge die sich von der Stauhöhe ableitende Druckkraft maßgebend für das Abschwemmen ist, so wird diese Annahme im wesentlichen durch das Ergebnis der Stauhöhenmessung bestätigt. Die Tab. 6 (S. 23) läßt eine Beziehung zwischen Einwurfmenge und Stauhöhe erkennen. Die Werte zeigen, daß sich im wesentlichen unabhängig von Gefälle und Durchflußmenge für jede Einwurfmenge eine bestimmte Stauhöhe herausbilden mußte, ehe der eingeworfene Mist abgeschwemmt werden konnte. Stellt man für jedes Gefälle die den Einwurfmengen entsprechenden durchschnittlichen Stauhöhen graphisch dar (Abb. 15), so erkennt man innerhalb einer gewissen Schwankungsbreite eine nahezu lineare Abhängigkeit der Stauhöhe von der Größe der Einwurfmenge.

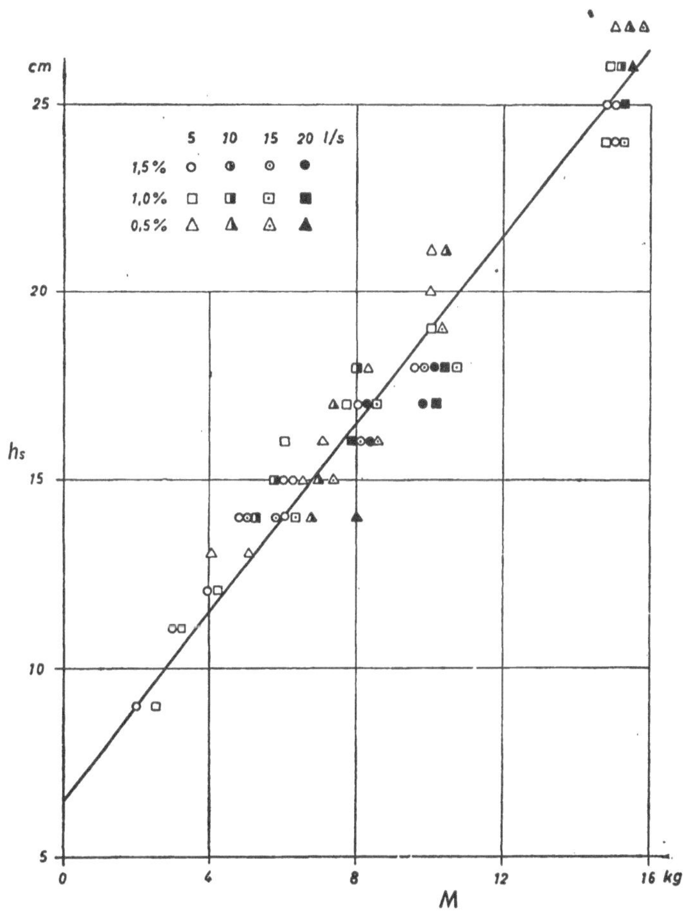

Abb. 15. Stauhöhe h_s als Funktion der Einwurfsmenge M bei versch. Gefälle und versch. Durchflußmenge

Diese Tatsache ist der Grund dafür, daß sich bei Vergrößerung von Durchflußmenge und Gefälle der Abschwemmverzug verkleinert. Bei Steigerung der Durchflußmenge wird die notwendige Stauhöhe schneller erreicht, da das entsprechende Stauvolumen schneller gefüllt wird.

Bei Vergrößerung des Gefälles braucht sich der Flüssigkeitsspiegel nur über einer kürzeren Rohrstrecke zu heben, wodurch das zu füllende Stauvolumen verringert und so die notwendige Stauhöhe ebenfalls schneller erreicht wird.

Daraus folgt: Die Größe des Abschwemmverzuges ist ein Kehrwert von Durchflußmenge und Gefälle.

5.3 Die maximale Passiermenge

Nach den Meßwerten in Tab. 7 ist die Größe der maximalen Passiermenge, d. h. der größten Einwurfmenge, die noch ohne Behinderung durch den gegebenen Rohrquerschnitt abgeschwemmt wurde, in dem untersuchten Bereich praktisch unabhängig von der Durchflußmenge und dem Gefälle (Abb. 16). Bei dem untersuchten Rohrquerschnitt mit 30 cm Durchmesser beträgt die maximale Passiermenge etwa 8 kg.

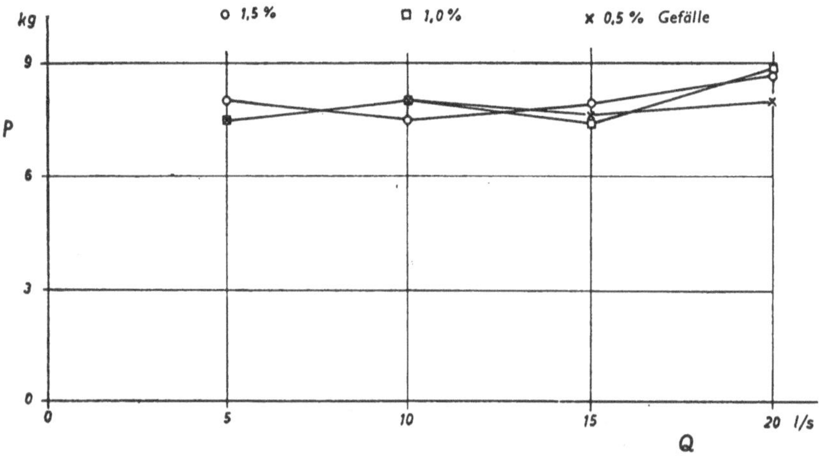

Abb. 16. Max. Passiermenge P als Funktion der Durchflußmenge Q bei versch. Gefälle

Da bei den Versuchen nur diese eine Rohrgröße zur Verfügung stand, können noch keine exakten zahlenmäßigen Beziehungen zwischen Rohrquerschnitt und maximaler Passiermenge abgeleitet werden. Es ist jedoch mit großer Wahrscheinlichkeit anzunehmen, daß die maximale Passiermenge proportional mit dem Rohrquerschnitt wächst, wenn die Längenausdehnung der Einwurfmenge in Richtung der Rohrachse durch die gegebene Größe der Einwurföffnung begrenzt wird und so die Querschnittsfläche der Einwurfmenge linear mit der Einwurfmenge wachsen muß.

Verbindlich kann jedoch aus der Tab. 7 gefolgert werden: Die Größe der maximalen Passiermenge ist unabhängig von der Durchflußmenge und dem Gefälle und lediglich bestimmt durch die vorhandene Rohrgröße.

6. Schlußfolgerungen für die Praxis

6.1 Betrachtung zum Rohrprofil

Bei der Besprechung der Ergebnisse wurde nachgewiesen, daß die Größe der sofort abschwemmbaren Einwurfmenge mit der Füllhöhe steigt und absolut begrenzt wird durch den vorhandenen Rohrquerschnitt. Aus diesem Grunde muß es eine optimale Füllhöhe geben. Dieses Füllhöhenoptimum liegt vor, wenn die dieser Füllhöhe entsprechende Grenzeinwurfmenge gleich der maximalen Passiermenge ist. Ein Überschreiten dieses Optimums hat für die Größe der abschwemmbaren Einwurfmenge keine Bedeutung, da diese sich wegen der Größe des gegebenen Rohrquerschnittes nicht weiter erhöhen läßt. Werden aus arbeitstechnischen Gründen große Einwurfmengen angestrebt, so ist dies nur durch die Verwendung größerer Rohre möglich. Da jedoch bei gegebener Durchflußmenge die Füllhöhe mit zunehmender Rohrweite sinkt, kann der angestrebte Effekt nur durch gleichzeitige Vergrößerung der Durchflußmenge und somit der Pumpenleistung erzielt werden.

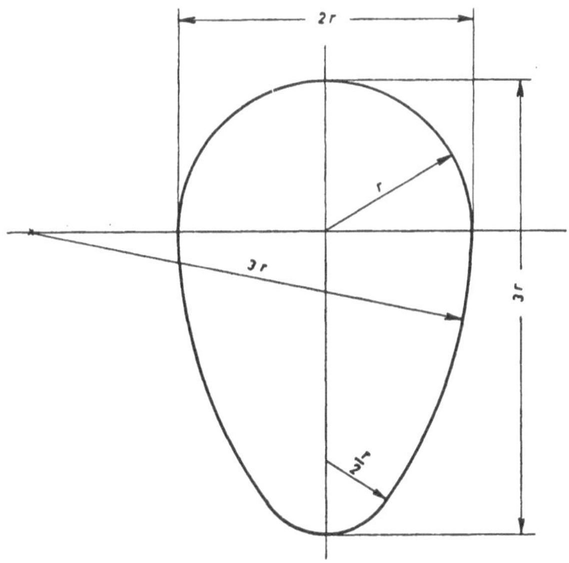

Abb. 17. Form des Eiprofils

Unter diesen Umständen gewinnt der Vorschlag von POCH an Bedeutung, für die Schwemmleitungen Rohre mit Eiprofil zu verwenden [4].

Eiprofile dienen bei der städtischen Mischkanalisation dazu, dem in der Regel nur wenige Prozent der Rohrleistung betragenden Brauchwasserabfluß günstige Strömungseigenschaften zu verleihen. Durch die Zuspitzung des unteren Rohrquerschnittes (Abb. 17) wird die Füllhöhe gegenüber Kreisprofilrohren mit gleich großem Querschnitt und bei gleicher Durchflußmenge erhöht [9]. Bei gleicher Durchflußmenge weisen also Eiprofilrohre eine größere Füllhöhe auf als Kreisprofilrohre gleicher Querschnittsfläche.

Für die Schwemmentmistung hätte aber die durch Einsatz von Eiprofilrohren bewirkte Füllhöhenvergrößerung nur Sinn, wenn gleichzeitig die Querschnittsfläche des Rohres größer wird.

Es wurde daher geprüft, ob durch Ersatz von Kreisprofilrohren durch Eiprofilrohre neben der Füllhöhensteigerung auch eine Vergrößerung des Rohrquerschnittes erzielt werden kann.

Zu diesem Zweck wurde ein theoretischer Füllhöhen- und Querschnittsflächenvergleich von Kreis- und Eiprofilrohren gleicher Breite durchgeführt. Die Vergleichswerte wurden mit Hilfe der im Kanalisationsbau noch gebräuchlichen verkürzten KUTTERformel [10] ermittelt, da hierfür vorhandene Tabellen benutzt werden konnten.

$$Q = F \frac{100 \sqrt{R \cdot J}}{m + \sqrt{R}}$$

Q = Durchflußmenge (m^3/s)
F = durchströmter Querschnitt (m^2)
R = hydraulischer Radius (m)
J = Gefälle (m/m)
m = 0,35 (Rauhigkeitsbeiwert für glasierte Steinzeugrohre).

Der Vergleich wurde mit drei Rohrweiten durchgeführt, die für die Schwemmentmistung praktisch überhaupt nur in Betracht kommen dürften.

Tabelle 10

Querschnittsflächenvergleich von Kreis- und Eiprofilrohren gleicher Breite

	Kreisprofil	Eiprofil	Querschnittsflächengewinn beim Eiprofil gegenüber Kreisprofil %
Rohrgröße cm Rohrquerschnitt m²	25 0,049	25/37,5 0,072	47
Rohrgröße cm Rohrquerschnitt m²	30 0,071	30/45 0,103	45
Rohrgröße cm Rohrquerschnitt m²	35 0,096	35/52,5 0,140	46

Durch Ersatz von Kreisprofilrohren durch Eiprofilrohre gleicher Breite erzielt man einen konstanten Querschnittsflächengewinn von 46%.

Bezüglich der Füllhöhe ergibt sich bei Eiprofilen ein Gewinn von durchschnittlich 24% gegenüber Kreisprofilrohren gleicher Breite.

Somit sind Eiprofile Kreisprofilen für Schwemmleitungen von Schwemmentmistungsanlagen überlegen, da sie unter sonst gleichen Voraussetzungen größere Querschnittsfläche und größere Füllhöhe aufweisen.

Tabelle 11

Füllhöhenvergleich von Kreis- und Eiprofilrohren gleicher Breite. Gefälle $J = 0{,}01$ m/m

Rohrgröße	Q	h Kreis	h Ei	Füllhöhengewinn beim Eiprofil gegenüber Kreisprofil	
cm	l/s	cm	cm	%	Mittel %
Kreis 25 Ei 25/37,5	5	5,56	6,79	22	22
	10	7,60	9,50	25	
	20	10,85	13,70	26	
	30	13,85	17,20	24	
	40	16,60	19,90	20	
	50	19,70	22,60	15	
Kreis 30 Ei 30/45	5	5 20	6,40	23	25
	10	7,20	9,00	25	
	20	10,00	12,60	26	
	30	12,40	15,60	26	
	40	14,50	18,40	27	
	50	16,70	20,70	24	
Kreis 35 Ei 35/52,5	5	4,90	5,95	21	26
	10	6,80	8,58	26	
	20	9,45	11,90	26	
	30	11,50	14,60	27	
	40	13,40	17,00	27	
	50	15,05	19,10	27	
					Mittel 24

6.2 Zur Berechnung der Schwemmleitungen

6.21 Die Rohrweite

Die Rohrweite ist abhängig von der gewünschten Mindestgröße der maximalen Passiermenge. Diese wiederum wird bestimmt von arbeitstechnischen Gesichtspunkten, d. h. von der Größe der Einwurfmenge, die den arbeitswirtschaftlich größten Effekt beim Entmisten gewährleistet.

Die Mistmenge, die beim Arbeiten mit Stallmist von Hand bewegt wird, liegt erfahrungsgemäß je Förderbewegung bei etwa 8 kg. Dieser Einwurfmenge entspricht nach vorliegenden Untersuchungen ein Kreisprofilrohr von 30 cm Weite, wie es sich bereits bei den Schwemmentmistungsanlagen der Fa. SCHMIDT-EGGERSGLÜSS bewährt hat, bzw. einem Eiprofilrohr (gleicher Querschnittsgröße) von 25/37,5 cm. Bei Verwendung eines Eiprofils von 30/45 cm ergeben sich die unter 6.1 nachgewiesenen Reserven hinsichtlich des Schluckvermögens der Leitung.

Diese Rohrgrößen können daher für den Bau von Schwemmentmistungsanlagen empfohlen werden.

6.22 Durchflußmenge und Gefälle

Beim Bau der Schwemmleitungen ist darauf zu achten, daß Durchflußmenge und Gefälle die optimale Füllhöhe gewährleisten. Hierfür sind Berechnungsgrundlagen notwendig.

Die Strömungsgeschwindigkeit in Gefälleleitungen ist allgemein

$$v = k \sqrt{R \cdot J}$$

Nach BAZIN (11) ist

$$k = \frac{1}{\sqrt{m + \frac{n}{R}}}$$

worin für Steinzeugrohre gilt

$m = 0{,}00015$

$n = 0{,}0000045$

Dann ist

$$v = \sqrt{\frac{R \cdot J}{0{,}00015 + \frac{0{,}0000045}{R}}}$$

Diese Formel soll zur Grundlage der folgenden Berechnung gemacht werden, da sie sich den bei den Versuchen ermittelten Werten gut anpaßt. Tab. 12 zeigt die mit der BAZINschen Formel errechneten Geschwindigkeiten v_B im Vergleich mit den bei den Versuchen ermittelten Geschwindigkeiten v_V. Letztere wurden der Tab. 8 entnommen.

Tabelle 12

Vergleich der gemessenen und errechneten Geschwindigkeiten

J [m/m]	Q [l/s]	5	10	15	20
0,005	v_V m/s	0,69	0,85	0,95	1,04
	v_B m/s	0,69	0,89	0,98	1,09
0,010	v_V m/s	0,91	1,11	1,26	1,38
	v_B m/s	0,83	1,07	1,24	1,32
0,015	v_V m/s	1,00	1,25	1,42	1,57
	v_B m/s	1,00	1,26	1,43	1,55

Da

$$Q = v \cdot F,$$

ist nach BAZIN

$$Q = F \sqrt{\frac{R \cdot J}{0{,}00015 + \frac{0{,}0000045}{R}}}$$

bzw.

$$J = \frac{Q^2 \left(0{,}00015 + \frac{0{,}0000045}{R}\right)}{F^2 \cdot R}$$

Beim 30-cm-Kreisrohr beträgt nach Abb. 14 die der maximalen Passiermenge von 8 kg (Tab. 7) entsprechende optimale Füllhöhe 10 cm. Die Querschnittsfläche des Rohres beträgt 7,1 dm². Da die Größe der Einwurföffnung die körperliche Ausdehnung der Einwurfmenge in Richtung der Rohrachse begrenzt, wächst die maximale Passiermenge linear mit dem Rohrquerschnitt. Unter der Annahme, daß die zwischen

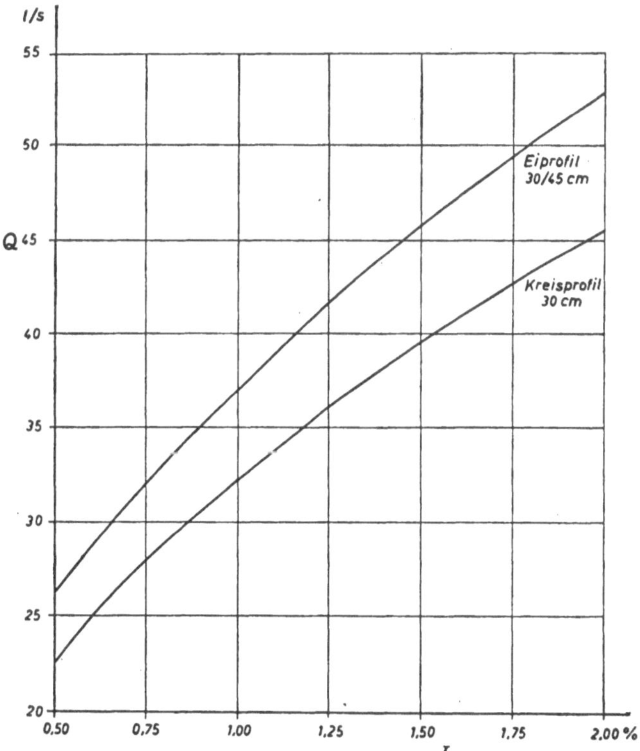

Abb. 18. Optimale Durchflußmenge Q für Kreis- und Eiprofilrohre in Abhängigkeit vom Gefälle J

Füllhöhe und maximaler Einwurfmenge bei Kreisprofilrohren bestehende Beziehung auch für Eiprofile gilt, beträgt dann beim Eiprofilrohr 30/45 cm mit 10,3 dm² Querschnittsfläche die maximale Passiermenge 12 kg und die optimale Füllhöhe 14 cm.

Nach den oben angeführten Gleichungen ergeben sich dann für das 30-cm-Kreisrohr und für das 30/45-cm-Eirohr in Abhängigkeit vom Gefälle folgende optimale Durchflußmengen. (Tab. 13, s. auch Abb. 18.)

Diese Fördermengen entsprechen den Leistungen von Dickschlammpumpen, wie sie von der Industrie abgeboten werden und in Schwemmentmistungsanlagen verwendet werden können [12].

Tabelle 13

Beziehung zwischen optimaler Durchflußmenge und Gefälle

Gefälle J %	Optimale Durchflußmenge 30-cm-Kreisprofil		30/45-cm-Eiprofil	
	l/s	m³/h	l/s	m³/h
0,5	22,8	82	26,5	95
0,6	25,0	90	29,0	105
0,7	27,0	97	31,2	113
0,8	28,9	104	33,5	121
0,9	30,6	110	35,5	128
1,0	32,3	116	37,4	135
1,2	35,4	128	41,0	148
1,4	38,2	138	44,2	159
1,6	40,8	147	47,3	170
1,8	43,3	156	50,1	180
2,0	45,6	164	52,9	190

7. Zusammenfassung

In vorliegender Arbeit wurden die Faktoren untersucht, die auf das Abschwemmen von Stallmist in den Gefällerohrleitungen von Schwemmentmistungsanlagen Einfluß nehmen. Die Untersuchung wurde an einer den praktischen Verhältnissen entsprechenden Versuchsanlage durchgeführt und hatte folgendes Ergebnis:

1. Die Größe der Grenzeinwurfmenge, d. h. der größten Einwurfmenge, die noch sofort nach dem Einwerfen abgeschwemmt wird, ist abhängig von der Füllhöhe der Schwemmflüssigkeit im Rohr und ist eine lineare Funktion derselben. Die Strömungsgeschwindigkeit hat praktisch keinen Einfluß.

2. Die Größe der maximalen Passiermenge ist unabhängig von Durchflußmenge und Gefälle

3. Jeder Rohrgröße entspricht eine optimale Füllhöhe und bei gegebenem Gefälle eine optimale Durchflußmenge.

4. Beim Überschreiten der Grenzeinwurfmenge erfolgt das Abschwemmen nicht sofort nach dem Einwerfen, sondern es tritt bis zum Abschwemmen ein Abschwemmverzug ein. Dieser ist ein Kehrwert von Durchflußmenge und Gefälle.

5. Rohre mit Eiprofil sind für Schwemmleitungen von Schwemmentmistungsanlagen besser geeignet als Rohre mit Kreisprofil. Bei ihnen ist der Querschnitt und somit auch die maximale Passiermenge sowie bei gleicher Durchflußmenge die Füllhöhe größer als bei Kreisrohren gleicher Breite.

6. Es wurden die Beziehungen zwischen Gefälle und optimaler Durchflußmenge bei einem Kreisrohr und einem Eirohr gleicher Breite rechnerisch ermittelt.

Резюме

В настоящей работе исследовались факторы, влияющие на вымывание навоза в наклонных трубопроводах установок для вымывания навоза. Исследование производилось на опытной установке, соответствующей производственным условиям, и дало следующие результаты:

1. Величина максимально допустимого подаваемого количества, т. е. самое большое подаваемое количество, которое вымывается еще сразу же после подачи, зависит от погрузочного просвета, вымывающей житкости в трубе и представляет собой линейную функцию погрузочного просвета. Скорость течения не имеет практического влияния.

2. Количество максимального прохода независимо от количества потока и наклона.

3. Каждому размеру труб соответствует оптимальный погрузочный просвет и, при данном наклоне, оптимальное количество протока.

4. При превышении максимально допустимого подаваемого количества, вымывание производится не сразу после подачи, а до вымывания наступает промедление. Зто — обратная величина количества протока и наклона.

5. Трубы с яйцевидным профилем для проводов вымывающих устройств выгоднее труб с круглым профилем. Их поперечное сечение, а следовательно и максимальное проходное количество, а при равном количестве протока и погрузочный просвет, больше, чем у круглых труб равной ширины.

6. Соотношение между наклоном и оптимальным количеством протока у круглой и яйцевидной трубы равной ширины определялось арифметически.

Summary

The present paper is concerned with the examination of factors affecting the washing off of stable manure in sloping pipe lines of lay-outs for cleaning out by means of the sludge method. The examination was made with an experimental lay-out corresponding to the practical conditions. The following results were obtained:

1. The amount of the limiting quantity to be thrown in, i. e. the maximum quantity that is washed off immediately after having been thrown in, depends on the filling height of the sludge liquid in the pipe and represents a linear function of the same. The velocity of the flow has no influence.

2. The amount of the maximum quantity to be passed through is independent of the amount of flow and the slope.

3. Each size of the pipes has a corresponding optimum filling height and with a given slope an optimum amount of flow.

4. When exceeding the limiting quantity to be thrown in, the washing off does not take place immediately after it but a delay occurs until the manure is washed off. This is the reciprocal value of the quantity of flow and the slope.

5. Pipes having an egg-shaped profile are more suitable for pipe lines of lay-outs with sludge handling than pipes having a circular profile. With such pipes the cross section and thus the maximum amount to be passed through as well as, with the same amount of flow, the filling height are greater than with circular pipes of the same width.

6. The relationships between the slope and the optimum amount of flow in a circular pipe and in an egg-shaped pipe of the same width were mathematically established.

Literaturverzeichnis

[1] SCHMIDT-EGGERSGLÜSS: Das biologische Humus- und Gaswerk Allerhop. Mitt. d. DLG **2**, (1953) 30—31.

[2] THURM, R.: Die Kosten der Stallmistausbringung, DAT **5** (1957) 221—222.

[3] ROSEGGER, S.: Neue Wege in der Stallentmistung. DAT **6** (1955) 200—202.

[4] POCH, M.: Spülentmistung im Stall mit und ohne Biogasgewinnung. DAT **4** (1955) 136—137.

[5] WEIDLICH, C.: Ein Beitrag zur Untersuchung der Sinkstoffbewegung in städtischen Entwässerungskanälen. Diss. TH Braunschweig 1915.

[6] DÖLLING, M.: Das Raumgewicht von Stapelmist. DAT **7** (1956) 303.

[7] VICARI, M.: Kleinste Sohlengefälle für Schmutzwasserkanäle. Ges.-Ing. **51** (1916) 537—540.

[8] GRIMSEHL: Lehrbuch der Physik, Bd. I, 16. Auflage, B. G. Teubner-Verlagsgenossenschaft 1955.

[9] RASPER, W.: Über Abflußverhältnisse in Kanalisationsrohren. Diss. TH Danzig 1933.

[10] IMHOFF, K.: Taschenbuch der Stadtentwässerung, 2. Auflage. Berlin: VEB Verlag Technik.

[11] KECK: Vorträge über Mechanik, 2. Teil. Hannover 1901: Helwingsche Verlagsbuchhaltung.

[12] Prospekt des VEB Erfurter Ventilatoren- und Apparatebau über einstufige Einheits-Schmutzwasserpumpen D (1956).

[13] Bericht über Forschungsauftrag Nr. 2554 21 h/6-01 D 1956 „Untersuchungen über die praktische Anwendbarkeit der verschiedenen Stallentmistungsanlagen, insbesondere für Kuh- und Schweineställe".

Abkürzungen: Mitt. d. DLG = Mitteilungen der DLG; DAT = Deutsche Agrartechnik; Ges.-Ing. = Gesundheitsingenieur.

Deutsche Akademie der Landwirtschaftswissenschaften zu Berlin
Institut für Landtechnik Potsdam-Bornim
Direktor: Prof. Dr. S. ROSEGGER

ARNIM LAUENSTEIN

Die pflanzenbaulichen Grundlagen für die Mechanisierung der Jungpflanzenanzucht im Gemüsebau

1. Erläuterung des Problemes und Aufgabenstellung

Die Anzucht der Jungpflanzen für den frühen Pflanzgemüsebau stellt einen sehr wichtigen Kulturabschnitt dar, denn von der rechtzeitigen Anzucht kräftiger und gesunder Gemüsejungpflanzen hängt oft der gesamte Kulturerfolg ab.

In Betrieben mit umfangreichem Anbau frühen Pflanzgemüses entsteht während der Zeit des Pikierens eine erhebliche Arbeitsspitze. Sowohl in ernährungswirtschaftlicher als auch in betriebswirtschaftlicher Hinsicht ist es wichtig, diese Arbeit in möglichst kurzer Zeit zu bewältigen und nicht durch zu stark betonte satzweise Aussaat diese gesamte Periode wesentlich zu verlängern. Es ist daher sehr verständlich, wenn in der gärtnerischen Praxis die verschiedensten Wege beschritten wurden, einmal um hohe Erträge zu erzielen und zum anderen, um durch Rationalisierung und Teilmechanisierung den Arbeitsaufwand für die Jungpflanzenanzucht zu verringern.

Im allgemeinen wird bereits den Jungpflanzen mit Topfballen für den Frühgemüsebau gegenüber den in Handkästen pikierten der Vorzug gegeben. Pflanzen mit Topfballen erleiden durch das Auspflanzen keine Stockung, gelegentlich Trockenheit nach dem Auspflanzen oder das Auspflanzen selbst bei ungünstigem Pflanzwetter schadet den Ballenpflanzen meist nicht, wenn sie mit genügend feuchten Topfballen ausgepflanzt wurden. Diese bedeutenden Vorteile der Ballenpflanzen werden u. a. auch von FILATOW [8] betont, mit dem Hinweis, daß selbst beim sorgfältigsten Herausnehmen von Setzlingen mit möglichster Schonung des Erdklumpens doch mit einem hochprozentigem Verlust der wertvollsten Wurzeln zu rechnen sei; ein topfloser Setzling braucht u. U. 10 Tage, um sich von dem Umpflanzen zu erholen. Die dadurch eintretende Verzögerung der Vegetation wird bei Jungpflanzen mit Topfballen vollständig vermieden; das Wachstum wird nicht einmal für einen Tag unterbrochen.

Die Meinungen über die Art der Topfballen gehen noch weit auseinander. Papp- und Holzspantopf spielen zwar eine untergeordnete Rolle, weit verbreitet ist dagegen die Verwendung des Tontopfes. So wird z. B. von KRATZ [16] besonders der Tontopf empfohlen und für die wirtschaftlichste Anzuchtmethode gehalten. Es wird für frühe Aussaaten folgendes umständliche Verfahren empfohlen:

1. Aussaat in Handkästen Anfang Februar bei 12—15 ° C.

2. Verstopfen auf Hängebretter mit Randleisten von 12 cm Höhe, nach Entwicklung der Keimblätter.

3. Eintopfen nach Bildung des 4. Laubblattes in 10 cm Tontöpfe, Aufstellung im heizbaren Kasten.

Demgegenüber wird von vielen deutschen und ausländischen Autoren der Erdtopf für die Anzucht von Frühgemüsepflanzen empfohlen. So weist z. B. CHROBOCZEK [4] darauf hin, daß aus wirtschaftlichen Gründen die Verwendung des Tontopfes in Polen zu Gunsten des Erdtopfes zurückgeht.

KLETTE [14] weist ebenfalls auf die Verteuerung der Jungpflanzenanzucht durch Tontöpfe hin. In ähnlichem Sinne äußern sich u. a.: KRETSCHMER [17], WEBER, R. [32], DESQUINEMARE [6], MARX [23], REINHOLD [27].

Unklarheiten bzw. Widersprüche bestehen außerdem besonders in der gärtnerischen Praxis hinsichtlich der Zweckmäßigkeit dieser oder jener Topfform. Es wurden die widersprechendsten Behauptungen aufgestellt: Die viereckige Oberfläche des Erdtopfes lasse die beste Platzausnützung zu, andererseits wurde behauptet, der viereckige Topf habe den größten Erdebedarf [1]. WINTER [34] vertritt die Meinung, der viereckige, konische Topf habe im Verhältnis zu den pflanzenphysiologischen Bedingungen einen günstigen Erdbedarf; die konische Form gewährleistet günstige Luft- und Feuchtigkeitsverhältnisse und verhindert das Überwurzeln. Aus anderen Gründen wiederum wurde die runde Form empfohlen [34], auch röhrenförmige Töpfe wurden propagiert [34]. In der Schweiz wird von WEBER [32] betont, die konische Form steht im Gegensatz zu dem Wurzelwachstum, dadurch würde in Tontöpfen oft das bekannte, schädliche Verfilzen verursacht.

Vor einer sinnvollen Mechanisierung einer Jungpflanzenanzuchtmethode bedurfte es dringend einer Klärung dieser grundlegenden Fragen unter unseren Anbauverhältnissen und unter Berücksichtigung der ökonomischen Verhältnisse von Großbetrieben.

Erschwert wird die Situation noch durch die Tatsache, daß neben dem bisher üblichen Pikieren die Möglichkeit einer Direktaussaat in Erdtöpfe auch für Pflanzgemüse zu erwägen ist [28], da besonders dieses Verfahren einen relativ geringen Arbeitsaufwand zu erfordern scheint.

Alle bisher bekannt gewordenen Erdtopfpressen sind bezüglich des Preßdruckes nicht regulierbar; da aber anzunehmen war, daß von einer bestimmten Topffestigkeit an Wachstumsbehinderungen auftreten würden, außerdem je nach Erdmischung ein anderer Preßdruck notwendig sein würde, um eine notwendige Ballenfestigkeit zu erreichen, erschienen auch Preßdruckuntersuchungen notwendig.

Wegen der dargelegten Unklarheiten und einiger offensichtlicher Widersprüche, war vor Beschreitung eines neuen Weges zur Mechanisierung der Jungpflanzenanzucht eine Klärung folgender Fragen notwendig:

1. Welche Anzuchtmethode ist aus pflanzenphysiologischen und arbeitsökonomischen Gründen für eine Mechanisierung am geeignetsten?
2. Welche Topfform ist zu wählen?
3. Welcher Preßdruck muß bei Topfherstellung angewendet werden, bzw. welche Festigkeit müssen Erdtöpfe haben?
4. Ist das „Direktaussaatverfahren" geeignet, in die Mechanisierung einbegriffen zu werden?
5. Ist eine Übertragung der gärtnerischen Jungpflanzenanzuchtmethoden auf landwirtschaftliche Kulturen möglich und damit eine Erweiterung des Anwendungsbereiches geeigneter Topfpressen?

Nach Klärung der aufgeworfenen Fragen müssen Vorschläge für die Mechanisierung des geeignetsten Verfahrens unter Berücksichtigung der aufzustellenden Forderungen gemacht werden.

Für die Prüfung von Erdtopfpressen ist ein einfaches Meßgerät zu entwickeln, mit dem die Topffestigkeit ermittelt werden kann.

2. Experimenteller Teil

Die Grundlagen für die Mechanisierung der Jungpflanzenanzucht im Gemüsebau

Die zur Klärung der grundlegenden Fragen notwendigen Vegetationsversuche wurden in exakter Versuchsanstellung nach üblichen Methoden durchgeführt und nach den gebräuchlichen Methoden ausgewertet (Bodenausgleich, indirekte Differenzmethode, *t*-Test, *P*-Schätzung usw.).

Folgende Fragen wurden anhand von Vegetationsversuchen geklärt:

1. Welche Anzuchtmethoden sind aus pflanzenphysiologischen und arbeitsökonomischen Gründen für die Mechanisierung am geeignetsten?
2. Welche Topfform ist zu wählen?
3. Welcher Preßdruck muß bei der Topfherstellung angewendet werden, bzw. welche Festigkeit müssen Erdtöpfe haben?

2.1 Untersuchung der Anzuchtmethoden hinsichtlich ihrer Eignung für die Mechanisierung

Versuch zu Kohlrabi. — Versuchsvarianten:

1. Pikiert
2. Tontopf } 6 cm (Volumengleich)
3. Erdtopf }

In einem in 4 Parallelen durchgeführten Versuch zu Kohlrabi („Roggli") wurde die Aussaat am 7. 1. vorgenommen. Durch ungünstige Witterung konnte erst am

19. 3. in Frühbeetkästen ausgepflanzt werden. (Jede Parzelle hatte außer einem genügend breiten, außer Versuch laufenden Rand und den Trennstreifen zwischen den Parzellen 20 auswertbare Pflanzen.) Durch witterungsbedingte Verschiebung des Pflanztermines wurden die Pflanzen etwas überständig. In diesem besonderen Fall zeigte sich der Erdtopf dem Tontopf sogar überlegen. Vermutlich liegt dieser Unterschied daran, daß in dem gleichvolumigen Erdtopf die Erdmenge, und damit die zur Verfügung stehende Nährstoffmenge größer war. (Erde stärker zusammengepreßt: bei 4 kg Belastung je cm^2 Oberfläche, Erdtopf = 171,54 g Erde; Tontopf = 131,7 g Erde.)

Mittlere Sproßgewichte beim Auspflanzen:

Pikiert:	2,902 g ± 0,31
Tontopf:	2,34 g ± 0,11
Erdtopf:	4,929 g ± 0,27

Erträge im Mittel je Parzelle:

Pikiert:	4,197 kg ± 0,18
Tontopf:	4,860 kg ± 0,222
Erdtopf:	5,186 kg ± 0,181

Die Differenz zwischen „Pikiert" und „Erdtopf" ist mit einem Sicherungswert von 0,50 statistisch gesichert.

In einem Versuch zu Salat („D.S.G.-Zuchtstamm"), der ebenfalls in 4 Parallelen unter den gleichen Voraussetzungen (Zeit und Varianten) wie der Kohlrabiversuch durchgeführt wurde, wurden folgende Erträge erzielt (im Mittel je Parzelle):

Pikiert:	2,116 kg ± 0,285
Tontopf:	3,254 kg ± 0,189
Erdtopf:	3,283 kg ± 0,145

Die Tendenz, die sich in den geschilderten Versuchen zeigt, wurde durch weitere Vegetationsversuche (Feldversuche, — Langreihenmethode mit 4 Parallelen) bestätigt: Der Vollständigkeit halber wurden auch Holzspantöpfe und Papptöpfe einbezogen. Da die Kulturgefäße aus der laufenden Produktion verwendet wurden, konnte das Volumen in den verschiedenen Varianten nur annähernd gleichgehalten werden.

Tontopf:	130 cm^3
Papptopf:	128 cm^3
Lindenspantopf:	124 cm^3
Erdtopf:	125 cm^3

Die Ernteergebnisse betrugen im Mittel je Parzelle:

a) Kohlrabi

Tontopf:	51,59 kg ± 3,27
Spantopf:	29,89 kg ± 6,92
Papptopf:	36,15 kg ± 10,09
Pikiert:	41,36 kg ± 6,23
Erdtopf:	52,52 kg ± 2,90

b) Tomaten

Tontopf: 32,24 kg ± 2,6
Spantopf: 27,06 kg ± 1,6
Papptopf: 32,41 kg ± 10,1
Erdtopf: 27,41 kg ± 3,14

Die oben wiedergegebenen Versuchsergebnisse haben bewiesen, daß der Erdtopf sich auf den Ertrag im allgemeinen genauso auswirkt, wie der Tontopf; geringe positive oder negative Abweichungen innerhalb dieser beiden Varianten lagen in allen Fällen innerhalb der Fehlergrenzen. Unter völlig anderen Anbaubedingungen als bei den in Quedlinburg (im Institut für Technik im Gartenbau) durchgeführten, oben geschilderten Versuchen, wurden auch bei den in Bornim 1956 angestellten Versuchen analoge Ergebnisse erzielt. Auch diese Versuche waren nach der Langreihenmethode in 4 Parallelen angelegt worden und wurden zu Kohlrabi und Salat durchgeführt. Für die Varianten: Pikiert, Tontopf, Erdtopf, wurde einheitliche gedämpfte Erde verwendet, Tontopf und Erdtopf hatten auch hier gleiches Volumen. Zum Pressen der Erdtöpfe wurde ein Preßdruck von 4 kg/cm² Erdoberfläche aufgewendet. Die Versuchsergebnisse sind in der Tab. 1 zusammengestellt:

Tabelle 1

Ertragsbeeinflussung durch verschiedene Anbaumethoden

Variante	Erträge in kg/Parzelle		
	M[1])	$\pm m$	Rangfolge
1. Kohlrabi pikiert	4,20	0,18	III
2. Kohlrabi Tontopf	4,86	0,22	II
3. Kohlrabi Erdtopf	5,19	0,18	I
4. Salat pikiert	2,12	0,28	III
5. Salat Tontopf	3,25	0,19	II
6. Salat Erdtopf	3,28	0,14	I

[1]) Mittelwert von Wiederholungen

Die Ergebnisse bestätigen die Feststellungen aus den Quedlinburger Versuchen: Die Anzucht von Jungpflanzen im Erdtopf hat gegenüber den in Tontöpfen angezogenen Pflanzen keine Nachteile; für die geringen Differenzen besteht auch in diesen Versuchen keine statistische Sicherheit, während zwischen „pikiert" und „Erdtopf" bei Kohlrabi ein Sicherungswert von 0,50 vorhanden ist.

Völlig gleiche Ergebnisse brachte ein von CHROBOCZEK [5] durchgeführter Versuch zu Kohl mit den gleichen Varianten. Die relativen Erträge betrugen:

1. Pikiert = 100
Tontopf = 227,4
Erdtopf = 222,3

Hier, wie in den eigenen Versuchen zeigt sich in gleicher Weise die Überlegenheit getopfter Pflanzen; auch hier dürfte die Differenz zwischen Tontopf und Erdtopf innerhalb der Fehlergrenzen liegen.

Im Hinblick auf die Ergebnisse war es notwendig, eine wirtschaftliche Auswertung der Jungpflanzenanzuchtverfahren durchzuführen. Es muß dem Verfahren der Vorzug gegeben werden, bei dem die Arbeitsweise wirtschaftlich günstiger ist und bei dem entscheidende Arbeitsgänge sinnvoll mechanisierbar sind.

Einleitend wurde bereits auf einige Widersprüche in den Meinungen über die Wirtschaftlichkeit dieser oder jener Anzuchtmethode hingewiesen. Während KRATZ [16] die Meinung vertritt „Kultivieren ist in vielen Fällen gleichbedeutend mit Auseinanderrücken", und der Tontopf sei allen anderen Topfarten überlegen, wird von anderen Autoren auf den Mehraufwand bei der Verwendung von Tontöpfen hingewiesen [4], [6], [32].

In den eigenen Vergleich der Wirtschaftlichkeit der Methoden wurden einbezogen je 1000 Stück:

Tontöpfe 6 cm
Erdtöpfe
pikierte Pflanzen

Für die Anzucht von Gemüsejungpflanzen für den Anbau im eigenen Betrieb sind Papp- und Holzspantöpfe, wie sich aus den oben geschilderten Versuchen ergeben hat, weniger geeignet. Sie können bei dem Vergleich der Wirtschaftlichkeit der Anzuchtmethoden außer Acht gelassen werden.

Für alle Varianten wurden sämtliche Faktoren (Erde; Pflegemaßnahmen usw.) einheitlich gehalten und lediglich der zu untersuchende Faktor variiert, darum kann die Wirtschaftlichkeit der untersuchten Methoden aus dem Vergleich zwischen den Material- bzw. Herstellungskosten dem Aufwand für die Pflegearbeiten während der Anzucht und den erzielten Erträgen ermittelt werden.

Die Herstellungs- bzw. Anschaffungspreise betragen für

1000 Tontöpfe ⌀ 6 cm ⁰/₀₀	27,— DM
1000 Erdtöpfe	3,30 DM[1])

Nach Vorbereitung der Arbeitsplätze wurden zum Pikieren von je 1000 Pflanzen benötigt:

in Tontöpfe	225 Minuten
in Erdtöpfe	125 Minuten
in Pikierkästen	170 Minuten

Die Zeitangaben stellen keine absoluten Werte dar, sie werden in Abhängigkeit von der Handfertigkeit, von der Pflanzengröße usw. differieren, aber an der Tendenz dürfte sich auch unter anderen Bedingungen nichts ändern.

Der Aufwand an Arbeitszeit für das Gießen ist sehr unterschiedlich, er betrug in den Versuchen:

für 1000 Pflanzen in Tontöpfen	11 Min. tägl.
für 1000 Pflanzen in Erdtöpfen	4 Min. tägl.
für 1000 Pflanzen in Pikierkästen	3 Min. tägl.

[1]) Der Preis ist veränderlich je nach betrieblichen Belangen (Erdzusammensetzung, Erdtopfpresse usw.)

Im Pikierkasten ist die Erdoberfläche am kleinsten, auch bei Erdtöpfen wird je nach Topfform eine mehr oder weniger geschlossene Erdmasse gebildet, während sich Tontöpfe nur an kleiner Fläche berühren, die Wasserabgabe ist hier am größten.

Von Bedeutung ist auch der Platzbedarf im Gewächshaus. Er betrug in unserem Versuch für die Dauer von 40 Tagen:

für 1000 Tontöpfe	5,4 m²
für 1000 Erdtöpfe	2,7 m³
für 1000 pikierte Pflanzen	2,4 m²

Bei der Berechnung des Aufwandes mußte bei der Anzucht unserer Jungpflanzen der Quadratmeter Gewächshausfläche mit 5 Pfennig einschließlich Heizung veranschlagt werden.

Für das Auspflanzen im April einschließlich Heranbringen und Wegräumen der Töpfe wurde folgende Arbeitszeit benötigt:

1000 Tontöpfe	410 Minuten
1000 Erdtöpfe	390 Minuten
1000 pikierte Pflanzen	325 Minuten

Aus der Zusammenstellung (Tab. 2) ergibt sich eindeutig die Überlegenheit des Erdtopfverfahrens. Es ist ein besonders günstiger Umstand, daß das für eine Mecha-

Tabelle 2

Vergleich der Wirtschaftlichkeit der drei wichtigsten Jungpflanzenanzuchtmethoden (Angaben je 1000 Pflanzen)

Art des Aufwandes	Tontopf DM	Erdtopf DM	Pikierkasten DM	Bemerkungen
Erdanfuhr	0,50	0,50	0,50	
Material bzw. Herstellung	27,—	3,30	14,—	
Pikieren	3,15	2,—	2,80	
Transportverluste	0,60	0,05	—	
Gießen 40 Tage	6,16	2,24	1,68	
(je Tag in min.)	(11)	(4)	(3)	
Auspflanzen u. Aufräumen	5,74	5,46	4,55	
Platzbedarf	10,80	5,40	4,80	Kosten je Tag: Gewächshausfläche 1,9 Pf./m² Heizung 3,1 Pf./m²
Gesamtunkosten	53,45	18,45	27,83	
abzgl. Anteil für weitere 3 Benutzungsjahre	22,25	—	11,20	viermalige Benutzung
Kosten für die Jungpflanzenanzucht abzgl. Amortisation	31,20	18,45	16,63	
Ernteerlös	117,47	119,55	96,03	
Aufwand für die Anzucht in % vom Erlös:	33%	9,5%	17,5%	

Hierzu s. auch Abb. 1.

nisierung günstigste Anzuchtverfahren den mit ihm verglichenen Methoden ohnehin schon überlegen ist.

Die Vorteile des Erdtopfes gegenüber dem Tontopf bezüglich des Arbeitsaufwandes werden auch in der Schweiz von WEBER [32] hervorgehoben; er gibt für 1000 Pflanzen eine Arbeitszeit je Person von

7 Stunden 20 Minuten bei Tontöpfen an

und von 4 Stunden 40 Minuten bei Erdtöpfen.

Diese Angaben seien aber je nach betrieblichen Verhältnissen variabel, außerdem sind sie dem Zierpflanzenbau entnommen.

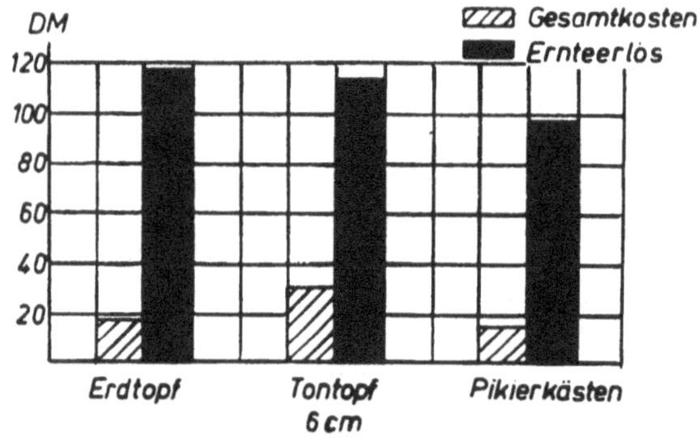

Abb. 1. Die Wirtschaftlichkeit der drei wichtigsten Methoden der Jungpflanzenanzucht (DM je 1000 Pflanzen)

Anhand der durchgeführten Vegetationsversuche ist die grundlegende Frage: „Welche Anzuchtmethode ist am geeignetsten für eine Mechanisierung?" sowohl vom pflanzenphysiologischen als auch vom arbeitsökonomischen Standpunkt aus geklärt: Das Erdtopfverfahren ist die günstigste Anzuchtmethode und deshalb für eine Mechanisierung vorzusehen.

2.2 Überprüfung verschiedener Topfformen

Von WINTER [33] wurde ein röhrenförmiger, bodenloser Erdtopf empfohlen (s. Abb. 2); auf diesen Vorschlag soll zunächst eingegangen werden, weil er für eine Mechanisierung bei oberflächlicher Betrachtung sehr günstig zu sein scheint. — Als besonderer Vorteil wird von WINTER angegeben, daß durch das große Pflanzloch (bei 50 mm Topfdurchmesser = 32 bis 36 mm Pflanzlochdurchmesser) die Zuführung der Wurzeln erleichtert würde. Tatsächlich ist dieser Vorteil unbestreitbar vorhanden. Viele andere Preßsysteme z. B. SCHNEIDER, die „Erdtopfpresse Staats" [20] und andere haben ein sehr kleines Pflanzloch. Dadurch wird beim Pikieren stark bewurzelter Pflanzen ein Teil der Wurzeln nach oben umgebogen und z. T. beschädigt. Die Behauptung WINTERS, die Erdtöpfe entsprächen durchaus den pflanzenphysiologischen Bedingungen, bedarf näherer Untersuchung. Es wird erwähnt, eine Wurzelverkrüppelung, wie sie bei zu fest gepreßten Erdtöpfen mit Boden einträte, unterbliebe bei dem System WINTER, weil die gesamte lichte Höhe des Erdrohres mit lockerer Erde gefüllt sei [34]. Dem ist zunächst entgegen zu halten, daß bei Pressen mit regulierbarem Preßdruck die Gefahr zu fest gepreßter Töpfe nicht besteht. Es besteht aber andererseits die Gefahr, daß die Röhrentöpfe, um ausreichende Stabilität zu bekommen, eine so feste Wandung haben, daß die Wurzeln nicht eindringen können. Zu dieser Überlegung kommt WINTER auch und bemerkt dazu, durch genügende Feuchtigkeit würde die Preßhaut weich und porös, solche Töpfe seien deshalb beim Auspflanzen leicht zu zerdrücken, und dann könnten die Wurzeln die Sprünge durchdringen. Die Gefahr liegt aber vor dem Auspflanzen: In einem normalen Erdtopf ist immer beobachtet worden, daß er vollkommen durch wurzelt ist; den Wurzeln steht also bei einem Erdtopf von 50 mm Durchmesser und einer Höhe von 60 mm ein Raum von 118 cm³ zur Verfügung. Der durchwurzelbare Raum eines Topfes nach System WINTER beträgt bei Undurchdringbarkeit der Wandung aber nur 55 cm³, bei Zugrundelegung der von WINTER angegebenen Maße. Bei diesem sehr kleinen Wurzelraum müssen Wachstumsstörungen bereits vor dem Auspflanzen befürchtet werden. Es erschien notwendig, diesen theoretischen Überlegungen in Versuchen nachzugehen.

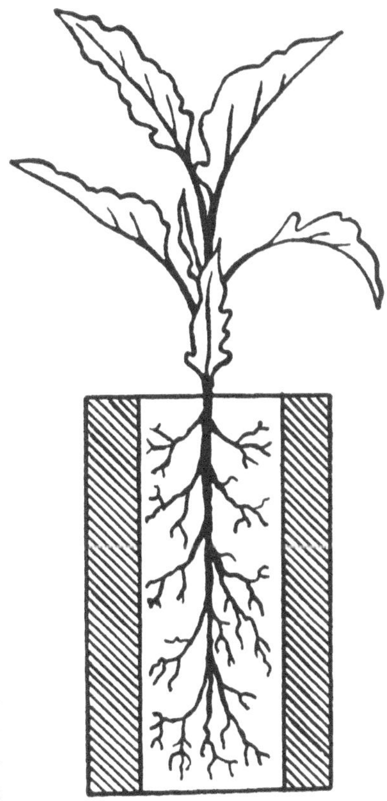

Abb. 2. Röhrenförmiger, bodenloser Erdtopf (schematisiert — Querschnitt)

Mit folgenden Varianten wurde ein entsprechender Vegetationsversuch zu Kohlrabi („Roggli“) durchgeführt:

1. Erdtopf 1,7 kg/cm² Preßdruck
2. Erdtopf 3,5 kg/cm² Preßdruck
3. Erdtopf 6,3 kg/cm² Preßdruck
4. Röhrentopf nach WINTER.

Die Topfmaße betrugen bei den Varianten 1—3:

h = 56 mm
d = 48 mm ⌀
Pflanzlochtiefe = 39 mm
oberer Pflanzlochdurchmesser = 25 mm ⌀

Die Maße für die Röhrentöpfe betrugen:

h = 60 mm	Pflanzlochtiefe = 50 mm
d = 50 mm ∅	Pflanzloch-Durchmesser = 22 mm ∅

Die Röhrentöpfe wurden mit der Originalpresse „System WINTER" hergestellt (s. Abb. 3). Ihre Maße sind so geringfügig günstiger als die der anderen, daß der Höhenunterschied von 4 mm oder der Unterschied im Durchmesser von 2 mm sich kaum im Wachstum wiederspiegeln dürfte.

Abb. 3. Erdtopfpresse für Röhrentöpfe (System WINTER)

Die Erde war für alle Varianten einheitlich; die Töpfe wurden alle an einem Tage gepreßt, um Unterschiede im Wassergehalt der Erde beim Pressen zu vermeiden.

Versuchsdurchführung:

Der Kohlrabi wurde am 9. 2. in Handkästen ausgesät und am 21. 2. in die am 20. 2. gepreßten Töpfe pikiert. Für jede Versuchsfrage wurden vier Parallelen angesetzt und mit je 120 Töpfen pro Parallele in einem Gewächshaus nach dem Schachbrettschema aufgestellt.

Beobachtungen während des Versuches vor dem Auspflanzen: In den ersten Tagen nach dem Pikieren waren keine Unterschiede zwischen den 4 Varianten feststellbar. Unmittelbar nach dem Anwurzeln der Jungpflanzen erschienen die Jungpflanzen in den Röhrentöpfen etwas kräftiger. Diese Unterschiede verwischten sich aber sehr schnell und die Jungpflanzen in den Röhrentöpfen blieben im Wachstum zurück.

Diese subjektiven Feststellungen decken sich vollkommen mit den parallel dazu durchgeführten Gewichtsfeststellungen (s. Tab. 3).

Tabelle 3. **Habitus der Jungpflanzen vor dem Auspflanzen**

Variante	Datum	Mittlere Sproßgewichte in g	
		Frischgewicht	Trockengewicht
1,7 at	7. 3.	0,139*	0,012
3,5 at	7. 3.	0,162	0,0138
6,3 at	7. 3.	0,156	0,0124
Röhrentopf	7. 3.	0,142	0,0117
1,7 at	24. 3.	6,09**	0,6143
3,5 at	24. 3.	6,61	0,6339
6,3 at	24. 3.	5,48	0,5503
Röhrentopf	24. 3.	4,41	0,4528

* am 7. 3. = Einzepsproß — ** am 24. 3. = je 5 Sprosse

Offensichtlich ist eine Wachstumsbehinderung durch zu engen Wurzelraum im Röhrentopf eingetreten. Diese Tatsache wird deutlich veranschaulicht durch die Abb. 4 und 5. Die Wurzeln sind nicht in der Lage gewesen, die Topfwände zu durchwachsen.

Abb. 4. Wachstumsbehinderung im Röhrentopf (Röhrentopf, a. d. Bilde rechts, im Vergleich zu normalen Erdtöpfen verschiedener Systeme)

Am 31. 3. wurde der Kohlrabi nach der Langreihenmethode in 4 Parallelen auf ein sehr ausgeglichenes Quartier humosen, sandigen Lehmbodens ausgepflanzt.

Die an den Jungpflanzen erkennbar gewesene Beeinträchtigung des Wachstums blieb auch nach dem Auspflanzen sichtbar und wurde bis zur Ernte nicht überwunden (s. Tab. 4).

Tabelle 4

Kohlrabi-Knollengewichte im Mittel je Parzelle

Variante	Erntegewicht
1,7 at Erdtopf	12,5 kg
3,5 at Erdtopf	12,0 kg
6,3 at Erdtopf	13,7 kg
Röhrentopf	10,6 kg

Bei den erntefähigen Knollen waren die Röhrentöpfe noch vollkommen erhalten, sie waren nicht von Wurzeln durchdrungen; die Wurzeln waren sämtlich durch die Röhre nach unten hindurchgewachsen.

Abb. 5. Wachstumsbehinderung durch zu engen Wurzelraum (aufgebrochener Röhrentopf)

In einem Versuch zu Salat wurden anfangs analoge Beobachtungen gemacht; es stellte sich aber heraus, daß der Salat die anfängliche Beeinträchtigung bis zur Ernte weitgehend aufholte (Tab. 5).

Tabelle 5

Salaterntegewichte im Mittel je Parzelle

Variante	Erntegewicht
1,7 at	15,9 kg
2,5 at	15,8 kg
Röhrentopf	15,2 kg

Allerdings ist zu dem Salatversuch zu sagen, daß die Witterung die Beeinflussung durch die harte Röhrenwand milderte. Erfahrungsgemäß ist die Gefahr einer Wachstumsbeeinträchtigung durch zu fest gepreßte Töpfe ganz besonders groß bei einem Trockenwerden der Ballen nach dem Auspflanzen. In dem angedeuteten Versuch waren aber die Niederschläge so hoch, daß die oben geschilderte Gefahr nicht bestand. (Der Salat war am 14. April gepflanzt worden; — Niederschlagsmenge im Mai = 124 mm!)

Diskussion der Versuchsergebnisse: Der Kohlrabiversuch hat gezeigt, daß durch Verwendung von „Rohrpreßlingen“ Wachstumsbeeinträchtigungen auftreten können. Die Wände müssen sehr fest gepreßt sein, um den mechanischen Beanspruchungen besonders beim Pikieren gewachsen zu sein. Dadurch sind die Pflanzenwurzeln nicht in der Lage, diese Wandung zu durchdringen. Durch den Salatversuch wurde angedeutet, daß solche negativen Auswirkungen nicht immer auftreten müssen. Es muß aber dem Erdtopf, der selbst bei höherem Preßdruck (6,3 kg/cm^2) noch keinen schädlichen Einfluß zeigte, aus physiologischen Gründen gegenüber dem „Rohrpreßling" für eine Mechanisierung des Verfahrens der Vorzug gegeben werden.

Es bleibt noch zu erörtern, ob der Meinung WINTERs [35], der dem konischen Topf den Vorzug gibt, oder den Überlegungen WEBERs [32], der ihn für unzweckmäßig hält, größeres Gewicht beizumessen ist. Zu der Topfform äußert sich WINTER [35] wie folgt: „Als Erdtopfform wurde die viereckig-konische Form gewählt, weil bei ihr das Verhältnis pflanzenphysiologischer Bedingungen zum Erdbedarf sehr günstig liegt. Besondere Vorteile hinsichtlich der Wasserführung oder Belüftung sind praktisch keinem Erdtopf zu eigen." Demgegenüber führt WEBER [32] aus (freie Übersetzung): „Obwohl der Topf so alt ist wie der Gartenbau selbst, hat er doch noch einige allgemein bekannte Nachteile: die konische Form, die im Gegensatz zu dem Wurzelwachstum steht, verursacht oft die bekannte schädliche Wurzelverfilzung."

Nach eigenen Erfahrungen sind in der gärtnerischen Praxis nie praktisch bedeutsame Qualitäts- oder Ertragsunterschiede durch eine Topfform verursacht worden; auch in einem eigenen früheren Versuch blieb die Topfform ohne Einfluß auf den Ertrag [20].

Von einem Vorteil der konischen Wandung konnte hier keinesfalls die Rede sein. Eher könnte eine Volumenabhängigkeit der Erträge angenommen werden. Die Differenzen sind aber nicht signifikant, außerdem bedarf es keines Nachweises von Vorteilen größeren Wurzelraumvolumens. Einzelheiten des Versuches zu schildern, erscheint unnötig, da er ohnehin nicht als zu verallgemeinernder Beweis dafür angesehen werden soll, daß konische Wandung Vorteile oder Nachteile mit sich bringt, Es ist offensichtlich so, daß außer der u. U. ertragsbeeinträchtigenden Röhrenform die Form für die Mechanisierung gewählt werden kann, die sich aus technischen Gründen am besten dazu eignet.

Wie unter den Preßdruckuntersuchungen geschildert wird, ist aus technischen und physiologischen Gründen die umgekehrt konische Form am günstigsten, deren Oberfläche also kleiner ist als die Stellfläche; die Erfahrungen WEBERs [32] werden damit bestätigt.

2.3 Die Bedeutung der Preßdruckes bei der Erdtopfherstellung

Um Behinderungen des Wurzelwachstums zu vermeiden, wird der für die Herstellung von Erdtöpfen notwendige Preßdruck so niedrig wie möglich gehalten. Bereits verhältnismäßig geringe Preßdruckunterschiede zeigen je nach sonstigen Kulturbedingungen (Zeit der Anzucht, Erdzusammensetzung, -feuchtigkeit usw.) bereits mehr oder weniger starken Einfluß auf das Wurzelwachstum. So wurden z. B. in einem Versuch zu Kohlrabi folgende Preßdruckvarianten untersucht:

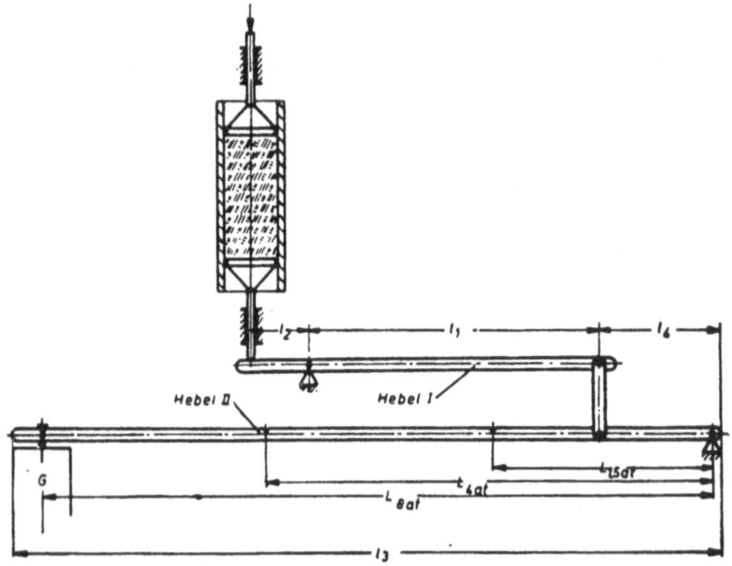

Abb. 6. Schema des Hebelsystems für die Veränderung des Preßdruckes an der Quedlinburger Presse

1,1; 2; 3 kg/cm^2 Topfoberfläche. Für diesen Versuch und für die später geschilderte Ermittlung der Mindestfestigkeit wurde die bekannte „Erdtopfpresse Quedlinburg" mit dem in der Abb. 6 schematisch wiedergegebenen Hebelsystem versehen. Durch Veränderung der Hebellängen (Verschiebung des Gewichtes *G*) konnte verschiedener Druck auf die Erdtöpfe ausgelöst werden.

In diesem Versuch wurden 6 Wochen nach dem Pikieren folgende Wurzelgewichte beobachtet (Tab. 6):

Tabelle 6

Wurzelgewichte an Kohlrabijungpflanzen in Abhängigkeit von der Festigkeit der Erdtöpfe

Preßdruck in kg/cm^2	Wurzelgewicht im Mittel
1,1	66,1 mg
2	54,2 mg
3	44,9 mg

Die Differenzen sind zwar statistisch nicht gesichert, die Tendenz dieser Ergebnisse genügt aber als Hinweis dafür, daß der Preßdruck so niedrig wie möglich gewählt werden sollte. Darüber hinaus zeigte ja auch der Röhrentopf sehr deutlich den schädlichen Einfluß zu hohen Preßdruckes. Andererseits muß der Erdtopf aber eine bestimmte Formbeständigkeit haben, da er verhältnismäßig hohen mechanischen Beanspruchungen beim Transport, bei Pflegemaßnahmen (Gießen, Unkraut ziehen usw.) und beim maschinellen Auspflanzen ausgesetzt ist. Es war also notwendig, eine Mindestdruckfestigkeit zu ermitteln.

Während die untere Grenze der Bruchbelastung für die im Gartenbau sehr unterschiedlichen Erden in allen Fällen gleich sein muß, ist je nach Erdzusammensetzung ein anderer Preßdruck notwendig, um den Erdtöpfen die geforderte Formbeständigkeit zu geben.

Zur Ermittlung einer Mindestdruckfestigkeit wurden mit verschiedenem Druck hergestellte Erdtöpfe (1,3; 1,7; 2,3; 3,5; 4,7; 6,3 kg/cm²) den in der Praxis üblichen Belastungen ausgesetzt: Transport, Bepflanzen, Gießen, Unkrautziehen usw. Es wurde in jeder Druckvariante bei jeder Arbeit während der gesamten Anzucht die Anzahl der beschädigten Töpfe festgestellt. Bei der für diese Untersuchungen verwendeten Erdmischung war bei den unter 2 kg/cm² liegenden Preßdrucken der Anteil der bei verschiedenen Arbeiten zerstörten Töpfe zu hoch (noch 15% bei 1,7 kg/cm²). Sofort nach Herstellung der Töpfe für diesen Versuch wurde mit einer gleichen Serie mit den gleichen Druckvarianten Belastungsproben durchgeführt und dabei ermittelt, daß die als optimal ermittelte Druckvariante (2,3 kg/cm²) im Mittel eine Belastung von 2 kg auf die gesamte Oberfläche eines 6-cm-Erdtopfes aushält. Dieser Wert kann als Faustzahl für die Praxis dienen, wenn berücksichtigt wird, daß die Erde einen mittleren Feuchtigkeitsgehalt von 18% hat.

Die Meßpunkte auf Abb. 7 zeigen eine deutliche Tendenz der Abhängigkeit der Bruchbelastung von Preßdruck und Erdmischung.

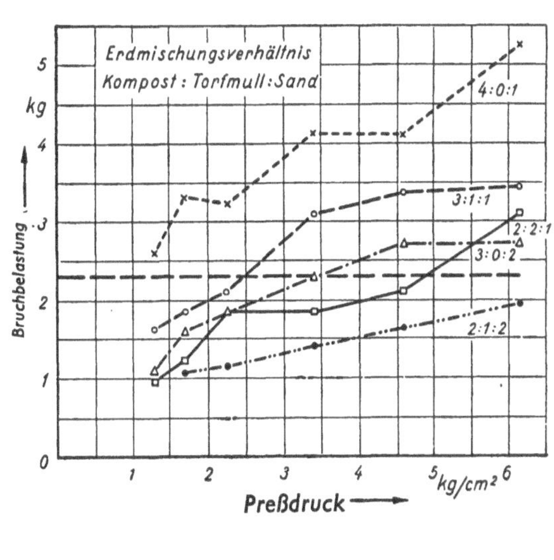

Abb. 7. Die Abhängigkeit der Bruchbelastung bei Erdtöpfen von Preßdruck und Erdmischung

— — — — = Geforderte Festigkeit

Da je nach betrieblichen Verhältnissen und nach Kulturansprüchen die gärtnerischen Erden außerordentlich verschieden sind, kann es nicht darauf ankommen, Preßdruckwerte für die einzelnen Erden zu ermitteln. Es sollte lediglich festgestellt werden, ob es notwendig ist, daß bei Erdtopfpressen der Preßdruck variierbar ist. Auf Grund der kurz geschilderten Untersuchungsergebnisse ist folgenden Tatsachen Rechnung zu tragen:

1. Der Preßdruck einer Erdtopfpresse muß so hoch sein, daß die erforderliche Mindestdruckfestigkeit erreicht wird.
2. Die Mindestfestigkeit sollte möglichst nicht überschritten werden, um Wachstumsbehinderungen zu vermeiden.
3. Je nach Erdmischung muß ein anderer Preßdruck aufgewendet werden, um die Mindestdruckfestigkeit zu erreichen.

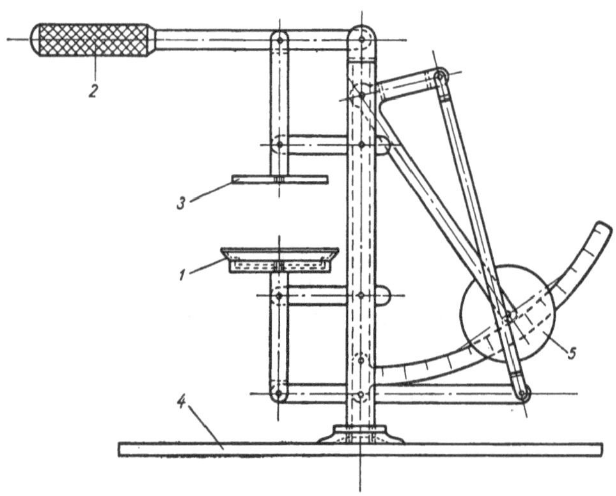

Abb. 8. Gerät zur Prüfung der Bruchbelastung von Erdtöpfen

Aus diesen Feststellungen ergibt sich die Forderung, daß der Preßdruck an zu entwickelnden Erdtopfpressen regulierbar sein muß.

Bei der Prüfung von Erdtopfpressen wird u. a. auch die Prüfung der Ballenformbeständigkeit durchgeführt werden müssen. Es wird noch untersucht, ob das für die Versuche entwickelte Gerät (Abb. 8) zu dieser Prüfung geeignet ist. Die Druckfestigkeit σ_D wird angegeben als Druckkraft (P_D in kg) auf die Flächeneinheit des Erdtopfquerschnittes (F in cm²)

$$\sigma_D = \frac{P_D}{F} \quad [\text{kg} \cdot \text{cm}^{-2}]$$

Für die Druckkraft P_D wird die Belastung zugrunde gelegt, bei der der Erdtopf als zerstört anzusehen ist (Risse, ausgebaucht oder direkt zerbröckelt).

Der zu prüfende Erdtopf wird in dem Gerät (Abb. 8) auf den Teller „1“ gesetzt, die Belastung erfolgt mit dem Handgriff „2“ über die Druckplatte „3“ auf den Teller „1“. Durch das Ausschwenken der unteren Parallelführung in Richtung der Grundplatte „4“ wird der Hebelarm des Gewichtes „5“ verlängert und die Gegendruckkraft vergrößert, bis die Zerstörung des Erdtopfes eintritt. Ein Zeiger ermöglicht das direkte Ablesen der Druckkraft in kg auf einer geeichten Skala.

Meßbereich 0—6 kg
Meßgenauigkeit 50 g

Nebenbei wurde beobachtet, daß innerhalb eines Erdtopfes gewisse Schichten festzustellen waren. Es schien so, als ob in allen Fällen und bei allen Topfformen dort, von wo aus beim Pressen der Druck auf den Erdballen erfolgt, die Erde am festesten sei, und dementsprechend auf der entgegengesetzten Seite der Ballen wesentlich lockerer sei. Da diese Feststellung für das Direkt-Aussaatverfahren ohne Zweifel von Bedeutung ist, wurde versucht, den Grad der Erdzusammenpressung verschiedener Topfschichten zu messen. Eine eigene dazu angefertigte Sonde gab zu ungenaue Werte, deshalb wurden die Töpfe für die Messung nach dem Pressen in jeweils 3 volumengleiche Teile zerschnitten und sofort gewogen. Bei evtl. Unterschieden in der Erdzusammenpressung müßten die 3 Schichten verschiedenes Gewicht haben. Die Messungen bestätigten die gemachten Beobachtungen (Tab. 7).

Tabelle 7
Gewichtsunterschiede innerhalb gleichvolumiger Erdtopfschichten

Topfform	Schicht	Mittelgewicht in Gramm	m	D*	m_D	t
viereckig konische Form	1 (unten) 2 (mitte) 3 (oben)	44,7 49,3 56,5	± 0,5 ± 0,48 ± 0,68	11,8	± 0,85	13,9
viereckig prismatische Form	1 (unten) 2 (mitte) 3 (oben)	43,5 49,6 54,9	± 0,72 ± 0,64 ± 0,67	11,4	± 0,98	11,6
runde Töpfe	1 (unten) 2 (mitte) 3 (oben)	89,6 98,2 111,1	± 1,5 ± 1,6 ± 1,6	21,5	± 2,2	9,8

* Differenz der Mittelwerte von Schicht 3 und Schicht 1

Sehr anschaulich kommen diese unterschiedlich gepreßten Schichten auch in der Abb. 9 zum Ausdruck. Zur Markierung wurde zwecks Abtrennung dreier, vor dem Preßvorgang volumengleicher Schichten, jeweils eine dünne Lage Sägespäne eingestreut. Das Verhältnis der Volumenverminderung und damit der Gewichtsunterschiede der drei markierten Schichten läßt der Erdtopf (Abb. 9) nach dem Pressen deutlich erkennen (Pressung von oben).

Abb. 9. Unterschiedliche Stärke, der vor dem Pressen gleichvolumigen Schichten in Erdtöpfen

Besonders im Hinblick auf eine Direktaussaat erscheint es zweckmäßig, die Töpfe aus der Presse so auszustoßen, daß die lockerste Schicht nach oben kommt. Bei der im Institut auf Grund unserer Arbeiten entwickelten Erdtopfpresse ist diese Forderung verwirklicht. Damit wird nicht nur einer physiologischen Forderung nachgekommen, sondern gleichzeitig auch die Standfestigkeit verbessert, wenn dem auch keine besondere Bedeutung zukommt. Aus gleichen physiologischen und technischen Gründen wurde für diese Presse auch die umgekehrt schwach konische Form gewählt, die größte Fläche des Topfes steht also auf.

2.4 Direktaussaat von Gemüsesämereien für die Anzucht von Pflanzgemüse in Erdtöpfen

Während der Jungpflanzenzucht für den Frühgemüseanbau stellt das Pikieren der Sämlinge eine große Arbeitsspitze dar. Da eine Direktaussaat in Erdtöpfe eine erhebliche Einsparung an Arbeitszeit mit sich bringen würde und darüber hinaus dieses Verfahren eine weitgehendere Mechanisierung der Jungpflanzenanzucht gestatten würde als alle anderen Methoden, war es notwendig, auch dieser Frage in unseren Versuchen nachzugehen.

Vorschläge, Gemüsesaatgut in Erdtöpfe direkt auszusäen, wurden u. a. von EDELSTEIN/Moskau gemacht [28]. Auch KOPETZ/Wien [15] betont, daß ein

Pikieren von Sämlingen gegenüber einer Direktaussaat mit einer Schwächung des Organismus verbunden sei. Demgegenüber betont KRATZ [16], daß frühe Aussaaten verstopft werden müssen; das Pikieren sei aber auch sonst eine Maßnahme, die „sich bezahlt macht", weil man durch sie gedrungene, gut bewurzelte Pflanzen erhält.

In eigenen Versuchen konnten die Befunde KOPETZs bestätigt werden:

Ein im Oktober 1956 durchgeführter Versuch sollte über den Einfluß des Pikierens bzw. der Direktaussaat auf Gemüsejungpflanzen Aufschluß geben. Der Versuch wurde in drei Parallelen in Erdtöpfen, die im Gewächshaus bei Zusatzbelichtung aufgestellt wurden, durchgeführt und zwar zu Rot,- Weiß- und Blumenkohl. Nach siebenwöchiger Vegetationszeit wurde der Versuch abgebrochen und an den Jungpflanzen folgende Sproßgewichte ermittelt (Tab. 8):

Tabelle 8

Mittleres Sproßgewicht von je 30 Jungpflanzen — pikiert und Direktaussaat

Kohlart	Variante	Mittelgewicht in g	*m*	p %	S. W.
Rotkohl	pikiert	20,68	± 2,87	2,50	0,25
	Direktaussaat	31,31	± 0,98		
Weißkohl	pikiert	29,15	± 1,75	0,66	0,50
	Direktaussaat	42,47	± 1,90		
Blumenkohl	pikiert	26,95	± 1,16	1,35	0,25
	Direktaussaat	36,65	± 1,91		

Es ist also eine deutliche Beeinträchtigung des Jungpflanzenwachstums durch das Pikieren festzustellen. Für diese Ergebnisse ist bei allen drei Kohlarten eine ausreichende statistische Sicherheit vorhanden.

In Versuchen zu Frühblumenkohl (Aussaat am 22. 2. 1956) und zu Tomaten (Aussaat am 7. 3. 1956) zeigte es sich, daß die durch das Pikieren verursachte Schwächung der Jungpflanzen gegenüber den direkt ausgesäten bis zur Ernte nicht wieder aufgeholt werden konnte.

Der Blumenkohlversuch hatte folgende Varianten:

1. Einzelkorn-Aussaat in — 6 cm Erdtöpfe
2. Zweikorn-Aussaat in (nach Aufgang verzogen) — 6 cm Erdtöpfe
3. Zweikorn-Aussat in (nach Aufgang ein Sämling abgekniffen) — 6 cm Erdtöpfe
4. Pikiert in — 6 cm Erdtöpfe
5. Pikiert in — Handkästen

Bei Einzelkornaussaat mußte selbst bei guter Saatgutqualität mit einem sehr lückenhaften Pflanzenbestand und damit also auch mit einem sehr hohen Aufwand an beheizter Gewächshausfläche gerechnet werden. Darum wurde der Möglichkeit der Doppelaussaat und gleichzeitig damit auch der Frage nach der Behandlung der mit zwei Sämlingen versehenen Ballen nachgegangen.

Die Erdtöpfe in den Direktaussaat-Varianten, in denen keine Keimung erfolgte, wurden entfernt und die restlichen Töpfe zusammengestellt, um Versuchsfehler durch weiteren Standraum zu vermeiden.

Nach beendigter Jungpflanzenanzucht wurde der Versuch in 3 Parallelen nach der Schachbrettmethode ausgepflanzt.

Die relativen Erntegewichte betrugen:

1. Einzelkorn-Aussaat	130,3
2. Doppelkorn-Aussaat (verzogen)	79,1
3. Doppelkorn-Aussaat (abgekniffen)	95,5
4. Pikiert in Erdtöpfe	100,0
5. Pikiert in Handkästen	33,4

Nur für die Differenzen zur Variante 5 ist ausreichende statistische Sicherheit vorhanden. Der Versuch zeigt eindeutig wieder die Unterlegenheit der Pikierkastenmethode gegenüber dem Erdtopfverfahren und außerdem, daß für das Pikieren auch in Erdtöpfe zumindest bei Blumenkohl keine pflanzenphysiologische Notwendigkeit besteht. Durch das Verziehen scheint die verbleibende Pflanze im Wachstum gestört zu werden. Wegen der hohen mittleren Fehler kommt dieser Einfluß nicht ganz klar zum Ausdruck (die Differenz zwischen „Verzogen“ und „Abgekniffen“ ist nicht signifikant). Gleiche Schlußfolgerungen läßt auch der zu Tomaten durchgeführte Versuch zu:

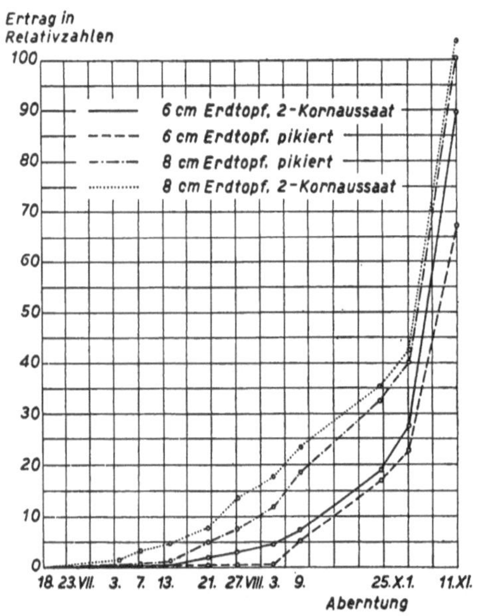

Abb 10. Ertragsverlauf bei direkt ausgesäten und pikierten Tomatenpflanzen.

Dieser Tomatenversuch wurde mit folgenden Varianten angesetzt:

1. 6 cm Erdtopf Zwei-Kornsaat
2. 6 cm Erdtopf pikiert
3. 8 cm Erdtopf pikiert
4. 8 cm Erdtopf Ein-Kornsaat
5. 8 cm Erdtopf Zwei-Kornsaat verzogen
6. 8 cm Erdtopf Zwei-Kornsaat abgekniffen
7. Handkastenaussaat — pikiert in 10 cm Tontopf

Der Versuch wurde am 6. 6. 1956 nach der Langreihenmethode in 4 Parallelen ausgepflanzt. Der Ertragsverlauf ist in der Abb. 10 wiedergegeben.

In beiden Fällen zeigt der Ertragsverlauf bei den direkt ausgesäten Pflanzen eine günstigere Tendenz. Von KOPETZ [15] wurden für Weißkohl, Kohl, Kohlrabi und Paprika bei direkt ausgesäten Jungpflanzen höhere Triebgewichte festgestellt als bei pikierten Pflanzen. Aus pflanzenphysiologischen Gründen können also keine Bedenken gegen das sehr arbeitssparende Verfahren der Direktaussaat erhoben werden, wohl aber aus ökonomischen Gründen:

a) Platzbedarf

Der Bedarf an Stellfläche in den Gewächshäusern ist von vornherein bei dem Direktaussaatverfahren so groß wie bei der Erdtopfpikiermethode erst nach dem Pikieren. Hinzu kommt aber noch, daß je nach spezifischer Keimfähigkeit und nach Saatgutqualität der Bestand sehr lückenhaft ist, so daß der Bedarf an Stellfläche nicht immer verantwortet werden kann. So waren z. B. bei dem Tomatenversuch, der am 7. 3. 1956 ausgesät worden war, am 9.4

bei Ein-Kornaussaat in 8 cm Erdtöpfe nur	19,9%
bei Zwei-Kornaussaat in 8 cm Erdtöpfe nur	42,7%

der mit Samen beschickten Erdtöpfe tatsächlich mit vollwertigen Jungpflanzen versehen,

bei Zwei-Kornaussaat in 6 cm Erdtöpfe nur 32,9%.

Ähnlich lagen die Verhältnisse bei Blumenkohl. Während man bei dem Pikierverfahren mit einem praktisch vollem Pflanzenbestand rechnen kann, waren

bei Einzelkornaussaat nur	43,2%
bei Zwei-Kornaussaat (verzogen)	72,9%
bei Zwei-Kornaussaat (abgekniffen)	68,4%

der Erdtöpfe mit pflanzfähigen Jungpflanzen versehen.

b) Selektionsmöglichkeit

Ein weiterer Nachteil des Direktaussaatverfahrens ist die Tatsache, daß beim Pikieren eine Auslesemöglichkeit gegeben ist, auf die bei der Direktaussaat verzichtet werden müßte, wodurch der ohnehin lückenhafte Bestand auch noch ungleichmäßig wird.

Trotz des Nachweises, daß das Pikieren einen störenden Eingriff bedeutet, kommt auch KOPETZ [15] zu der Schlußfolgerung, daß das notwendige Pikieren so zu handhaben sei, daß möglichst geringer Schaden zugefügt wird.

Für eine sinnvolle Mechanisierung der Jungpflanzenanzucht kann zunächst das Direktaussaatverfahren keine allgemeine Anwendung finden. Um dieses vereinfachte, arbeitssparende Verfahren anwenden zu können wäre es notwendig, daß in einem Gartenbauinstitut eine Möglichkeit gefunden wird, einen vollen Pflanzenbestand zu gewährleisten (Saatgutsortierung, -vorbehandlung oder ähnliches).

Ein weiteres Hindernis stellt die Schwierigkeit dar, bei Tomaten, Salat und ähnlichen unregelmäßig geformten oder behaarten Sämereien die Einzelkornsaat zu mechanisieren. Die Möglichkeit wäre über den Umweg der Saatgutpillierung gegeben. Die z. Zt. üblichen Pillierungsverfahren setzen aber die Keimfähigkeit des Saatgutes zum Teil bis zu 50% herab, so daß dieses Verfahren für die Gemüsejungpflanzenanzucht z. Zt. nicht angewendet werden kann.

2.5 Übertragung der gärtnerischen Jungpflanzenanzucht auf landwirtschaftliche Kulturen

Das Erdtopfverfahren bleibt u. U. nicht auf den Gartenbau beschränkt. Über die Anwendung des Erdtopfverfahrens bei Zuckerrüben berichtet HEYDE [13]. Mit getopften Rüben wurden je nach Bodenart Mehrerträge bis zu 50% erreicht, wobei auf mittleren Böden die Mehrerträge am höchsten lagen. Als besonders wichtig werden Untersuchungen über den Arbeitsaufwand herausgestellt. Bei einem Versuch war der Doppelzentner der geernteten Rüben, durch den höheren Ertrag der getopften Rüben, mit einem geringeren Arbeitsaufwand belastet als bei gedrillten Rüben. Durch Mechanisierung des Topfens und durch maschinelles Auspflanzen läßt sich der Arbeitsaufwand noch erheblich senken. GROBBECKER [12] erreichte bei Zuckerrüben gegenüber dem Drillverfahren mit getopften Rüben einen Mehrertrag von 20% Rüben und 25% Blatt, es könne aber mit höheren Mehrerträgen bei Verwendung von Komposterde zur Ballenherstellung und frühzeitiger Auspflanzung gerechnet werden.

Tastversuche bei Futterrüben ergaben sogar einen Mehrertrag von 87%.

Die Anwendung des Erdtopfverfahrens für Futterrüben wird auch von GARBADE [10] empfohlen. Nach 6 jährigen Erfahrungen rechnet er mit Mehrerträgen von 50% und erwähnt als weitere Vorteile: erhebliche Saatguteinsparung, Verschiebung wesentlicher Arbeiten aus der Hauptarbeitszeit hinaus, Wegfall des Verhackens und Verziehens, keine Fehlstellen, regelmäßige Abstände u. a. m. Die Eignung weiterer Kulturen für das Erdtopfverfahren bedarf noch der Klärung.

In Versuchen der Universität Halle [31] zu Zuckerrüben wurden Ertragssteigerungen von 56% durch Anwendung des Erdtopfverfahrens gegenüber dem normalen Drillverfahren erreicht, der Zuckerertrag wurde um 72% erhöht. Bei mehrjährigen Wiederholungen dieser Versuche zeigte sich immer wieder die gleiche Tendenz, wobei eine Rüben-Standweite für die Pflanzung von 40×30 cm als optimal ermittelt wurde [18]. Wesentlich ist weiterhin die Feststellung, daß die Höhe der Ertragsdifferenz in starkem Maße witterungsabhängig ist; der Vorteil der Ballenpflanzung kommt besonders in niederschlagsarmen Gebieten zum Ausdruck. Trotz der beachtlichen Mehrerträge ist aber nach den Berichten der Universität Halle das Erdtopfverfahren wegen des hohen Arbeitsaufwandes nur dort zu empfehlen, wo ein „Zwang zur Spätsaat (Rübenblattwanze) vorliegt“ [18]. Auch LORENZ [22] kommt zu dem Schluß, daß trotz eines um 23% höheren Ertrages (im Mittel mehrerer Versuchsjahre) getopfter Zuckerrüben, das Erdtopfverfahren wegen des Arbeitskräftemangels nicht empfohlen werden kann. Nach sinnvoller Mechanisierung des Erdtopfverfahrens müßten zu Zuckerrüben nochmals Untersuchungen beider Anbaumethoden hinsichtlich der Wirtschaftlichkeit durchgeführt werden.

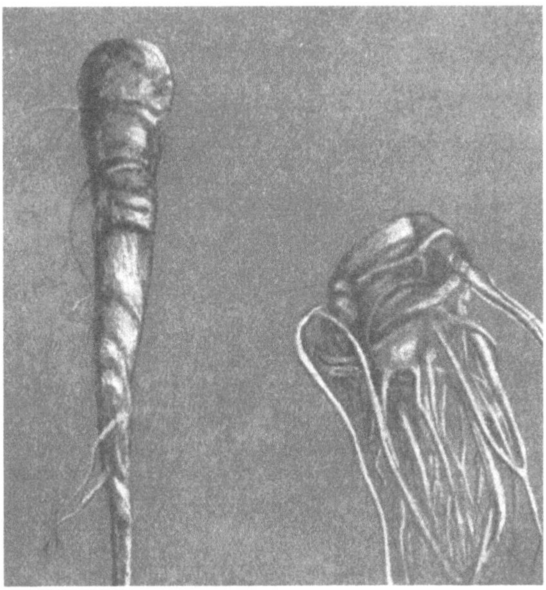

Abb. 11. Knollendeformierung durch Anzucht im Erdtopf (rechts: Knolle einer getopften, links: einer gedrillten Pflanze)

Ein Vergleich zwischen der üblichen Freilandaussaat und dem Erdtopfverfahren wurde in eigenen Versuchen zu Zichorien durchgeführt [20]. Die Aussaat erfolgte Mitte Juni sowohl für die Erdtopfvariante als auch in das Freiland. Am 5. August wurden die getopften Pflanzen ausgepflanzt (Versuch in Langreihenmethode in 4 Parallelen). Die Ernte (4. Okt.) brachte bei den beiden in diesem Zusammenhang interessierenden Varianten Ertragsgleichheit bei Knollen- und Laubanteilen. Trotzdem bietet hier das Erdtopfverfahren einen beachtlichen Vorteil: Während für das Drillverfahren der Boden von Juni ab voll beansprucht wird, kann beim Pflanzverfahren vorher bereits eine Hauptkultur abgeerntet sein (in unserem Fall Kohlrabi).

Die Wurzelknollen waren bei den getopften Pflanzen durchweg deformiert (s. Abb. 11).

Gleiche Beobachtungen wurden bei den Versuchen der Universität Halle gemacht [18], [31]. LORENZ [22] beobachtete bei Zuckerrüben ebenfalls eine Veränderung der Rübenform durch das Erdtopfverfahren. Er beschreibt die Rüben als „wurzelig“ mit einer Sellerieknollenform. Diese Veränderungen spielen insofern keine Rolle, als der Treibwert der Zichorienwurzeln nicht durch sie herabgesetzt wird; anders müßte es allerdings dort sein, wo die Knollenform als Qualitätsmerkmal den Marktwert beeinflußt, z. B. bei Sellerie, deshalb wurde ein entsprechender Versuch durchgeführt. Die Sorten „Magdeburger Markt“ und „Wiener Markt“ wurden in 2 Varianten angezogen:

1. Normale Methode — pikiert
2. pikiert in Erdtöpfe (Erdtöpfe mit Mindestfestigkeit).

Das Auspflanzen des Feldversuches geschah nach der Langreihenmethode in 4 Parallelen am 28. Mai 1953.

Während der ersten vier Wochen konnte bei den laufenden Beobachtungen festgestellt werden, daß die im Erdtopf angezogenen Pflanzen gegenüber den pikierten einen Wachstumsvorsprung hatten. Dann trat eine sehr deutliche und schnelle Änderung ein, die pikierten Pflanzen überholten die getopften Pflanzen in der Entwicklung. Die Erträge sind in der Tab. 9 wiedergegeben.

Tabelle 9

Erträge getopfter und pikierter Selleriepflanzen

Sorte und Anzucht-methode	Parzellenertrag (Mittelwerte) kg	m	$\frac{D}{m_D}$
„Wiener Markt“			
pikiert	18,3	± 0,6	
Erdtopf	11,9	± 1,4	4,26
„Magdeburger Markt“			
pikiert	9,9	± 0,7	1,58
Erdtopf	8,8	± 0,1	

Abgesehen von der statistisch gesicherten Differenz bei „Wiener Markt“ zugunsten der pikierten Pflanzen war in allen Fällen die Knolle so stark deformiert, daß der Marktwert erheblich herabgesetzt war, die Knollen der im Erdtopf gezogenen Pflanzen hatten eine längliche birnenförmige Gestalt (s. Abb. 12 rechts). Die Stelle, an der die plötzliche Verdickung begann, war die ursprüngliche untere Grenze des Erdtopfes. Die Knollen der pikierten Pflanzen waren normal ausgebildet (s. Abb. 12 links).

In Abhängigkeit von Witterungsverlauf, Bodenzustand usw. können die Verhältnisse verschieden sein, so berichtet z. B. FRÖHLICH [9] über einen gleichen Versuch auf leichtem zeitweilig trockenem Boden, bei dem die Varianten „pikiert“ und „getopft“ praktisch ertragsgleich waren.

Der oben geschilderte eigene Versuch wurde auf Lehmboden durchgeführt und entsprechend dem Wasserbedarf Zusatzberegnung gegeben. Es ist also verständlich, daß die Wirkungen der Topfballen bei den unterschiedlichen Verhältnissen verschieden sind.

FRÖHLICH [9] erörtert auch die Rentabilitätsfrage und kommt zu dem Schluß, daß für Sellerie, wegen des höheren Arbeitsaufwandes beim Topfen, dem Pikierverfahren der Vorzug zu geben ist.

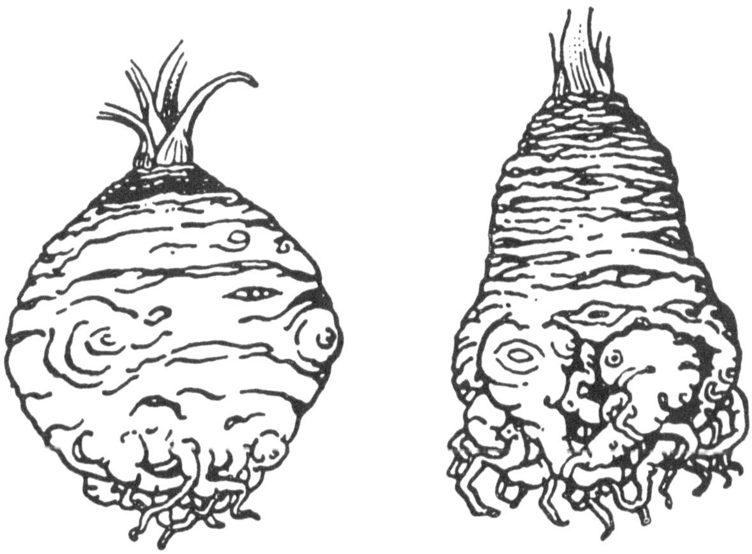

Abb. 12. Beeinträchtigung des Marktwertes von Sellerieknollen durch Anzucht im Erdtopf (rechts: Knolle einer getopften, links: einer pikierten Pflanze)

Es muß aus diesen Versuchsergebnissen der Schluß gezogen werden, daß sich bei Sellerie die Anzucht der Jungpflanzen im Erdtopf ungünstig auf die Wirtschaftlichkeit, den Ertrag und den Marktwert auswirken kann, und deshalb nicht zu empfehlen ist.

2.6 Forderungen an die Leistung einer Erdtopfpresse

Die Leistungen der vorhandenen Erdtopfpressen sind völlig unzureichend für Gemüsegroßbetriebe. Im VEG Gartenbau Heeren werden z. B. 3 Millionen getopfter Jungpflanzen benötigt. (Das Gut hat eine Gemüseanbaufläche von ca. 200 ha). In diesem Fall ist es notwendig, 80000—100000 Erdtöpfe täglich herzustellen und zu bepflanzen; anderenfalls würde sich die Jungpflanzenanzucht zu weit hinausschieben und ein erheblicher Teil der Jungpflanzen käme nicht mehr für den eigentlichen Frühgemüseanbau zurecht. Abgesehen von negativen Auswirkungen auf die betriebswirtschaftlichen Belange würde dadurch die Schließung der Versorgungslücke im Frühjahr in Frage gestellt.

Um die große Arbeitsspitze während der Jungpflanzenanzucht in Gemüse-Großbetrieben bewältigen zu können, müßte eine mechanische Erdtopfpresse möglichst eine Stundenleistung von 10000 Erdtöpfen pro Person haben, um alle anderen Arbeitskräfte zum Pikieren einsetzen zu können.

Nach unseren Ermittlungen wird z. Zt. in der DDR lediglich die Erdtopfpresse „Quedlinburg" hergestellt. Diese Presse hat eine Arbeitsleistung von 1000—1200 Stück unbepflanzter Töpfe pro Person und Stunde. Würde man diese Pressen in Heeren oder ähnlich gelagerter Fällen verwenden, dann müßten selbst bei maximaler Leistung der Pressen gleichzeitig 7 Pressen arbeiten, wodurch allein bereits 14 Personen gebunden wären. Dieses Gerät ist für kleinere und mittlere Betriebe sehr geeignet, und sollte auch bei eventueller Produktion einer leistungsfähigeren Maschine weiterhin hergestellt werden.

Auch die anderen Erdtopfpressen haben Mengenleistungen, die für VEG und LPG unzureichend sind (s. Tab. 10).

Tabelle 10

Die Mengenleistungen der wichtigsten Erdtopfpressen

Bezeichnung der Presse	Hersteller	Leistung in Stück/AKh	Bemerkung
„Buttern"	—	150—200	bepflanzt
„Kobold"	Pannier,	350—400	bepflanzt
„Troll"	Hamburg-Wandsbeck	350—400	bepflanzt
„Erdprinz"	I. Maier Linsheim	500	bepflanzt
„Syst. Kordes"	W. Kordes, Lürbke üb. Fröndenberg/Ruhr	5000	unbepflanzt
„Heinzelmännchen"	W. Schmidt, Hannover-Döhren	1000	bepflanzt
„Quedlinburg"		1000—1200	unbepflanzt
„Ertorex"	K. Rüler, Hamm/Wesf.	1800	unbepflanzt

So verschieden wie die einzelnen Erdtopfpressen auch konstruiert sind, so kann man in der Regel doch bei allen im Wesentlichen die gleichen Arbeitsgänge feststellen:

1. das Füllen der Form,
2. das Pressen des Erdtopfes,
3. das Ausstoßen des Topfes aus der Form,
4. das Abnehmen der Erdtöpfe von der Presse.

Die Arbeitsgänge 2 und 3 sind bei allen leistungsfähigeren Erdtopfpressen mechanisiert, während das Füllen der Form zum Teil und das Abnehmen der Töpfe von der Maschine in allen Fällen mit der Hand geschehen muß. Diese Handarbeitsgänge wirken sich naturgemäß ungünstig auf die Leistungsfähigkeit der Erdtopfpressen aus. Die Verbindung der Presse mit einem Transportband ist dann keine ideale Lösung, wenn in diesem Fall die Erdballen immer noch von Hand von dem Fließband abgenommen werden müssen. Das Abschieben oder das Ausstoßen der Erdtöpfe auf Bleche oder Pflanzenbretter dürfte die beste Lösung sein; auf diese Weise können je nach Topfgröße und Brettmaß 60—150 Töpfe auf einmal von der Maschine genommen werden. Dieses von LAUENSTEIN/MARX [20] weiterentwickelte „Erdtopf-Bretterverfahren" wäre wegen der Mechanisierung des aufwendigen obengenannten 4. Arbeitsganges im Prinzip für eine neue leistungsfähige Presse vorzusehen. Auf diesen Brettern bleiben die Erdtöpfe bis zum Auspflanzen stehen, sie werden auf ihnen von der Arbeitshalle in die Gewächshäuser, von dort in die Frühbeetkästen und in das Freiland transportiert. Dieses Verfahren trägt wesentlich zur Steigerung der Produktivität der Jungpflanzenanzucht bei. Hinzu kommt noch, daß es an Frosttagen in wärmeren Mittagsstunden sehr schnell mit dem Brettsystem möglich ist, einen Frühbeetkasten vom Gewächshaus aus voll Erdtöpfe zu stellen, da das langwierige Ein- und Ausstellen nicht erforderlich ist.

Außer einer erheblichen Steigerung der Mengenleistung ist es notwendig, die neue Presse mit einem Säaggregat auszurüsten oder zumindest dafür vorzusehen, um dort wo es möglich ist, das arbeitssparende „Erdtopf-Säverfahren" anwenden zu können. Mit der Entwicklung einer Erdtopfpresse, bei der die geschilderten Erkenntnisse berücksichtigt werden, wurde bereits begonnen.

3. Zusammenfassung

Der Jungpflanzenanzucht ist größte Aufmerksamkeit zu schenken, weil die Zeit der Jungpflanzenanzucht für den Frühgemüsebau in den Gemüsebaubetrieben eine der größten Arbeitsspitzen verursacht und jede Ernteverfrühung besonders im Frühgemüsebau zur Überbrückung der gemüsearmen Zeit beiträgt. Durch geeignete Anzuchtmethoden und durch sinnvolle Mechanisierung der Erdtopfherstellung bzw. des Pikierens kann die Produktivität des Frühgemüsebaues erheblich gesteigert werden, außerdem ist u. U. das Erdtopfverfahren auf einige landwirtschaftliche Kulturen übertragbar. Das Verfahren der Anzucht von Gemüsejungpflanzen muß im Zusammenhang mit der Mechanisierung des Auspflanzens gesehen werden. Es war die Klärung folgender Fragen notwendig:

1. Welche Anzuchtmethode ist am geeignetsten für eine Mechanisierung?
2. Welche Topfform ist für Erdtopfpressen zu wählen?
3. Welcher Preßdruck muß bei der Herstellung der Erdtöpfe angewendet werden um

a) das Wurzelwachstum nicht zu behindern,

b) den Ballen für das maschinelle Pflanzen ausreichende Formbeständigkeit zu geben,

c) den verschiedensten Erdmischungen gerecht zu werden?

4. Ist eine Direktaussaat von Gemüsesämereien in Erdtöpfe (Edelstein-„Erdegießverfahren") dem bisherigen Verfahren (Aussaat und Pikieren) aus pflanzenphysiologischen und arbeitsökonomischen Gründen vorzuziehen (Ballenfestigkeit, Saatgutqualität, Gemüseart, Platzbedarf)?

5. Erst nach Klärung dieser Grundlagen konnten Wege zur sinnvollen Mechanisierung der Jungpflanzenanzucht gesucht werden.

a) Steigerung der Mengenleistung von Erdtopfpressen,

oder

b) Mechanisierung der Direktaussaat unter Koppelung mit der Erdtopfherstellung?

6. Ist eine Übertragung dieser gärtnerischen Jungpflanzenanzuchtmethoden auf landwirtschaftlichen Kulturen möglich, um die Flächenerträge zu steigern und die Kulturzeit zu verkürzen?

Die Grundlagenfragen konnten geklärt werden:

1. Die Anzucht von Pflanzgemüsen im Erdtopf ist abgesehen von wenigen Ausnahmen (z. B. Sellerie [21]) den anderen Methoden vorzuziehen.

2. Die Form des Erdballens (rund, viereckig, sechseckig, konische oder senkrechte Wandung) hat auf Ertrag und Wirtschaftlichkeit praktisch keinen Einfluß.

3. a) Von einer bestimmten Ballenfestigkeit ab entstehen Behinderungen des Wurzelwachstums. (Bei Direktaussaat wird die Keimung von Kohlarten anfänglich praktisch nicht beeinträchtigt.)

b) Die für das Handhaben der Erdballen notwendige Mindestdruckfestigkeit ist auch für das maschinelle Auspflanzen ausreichend.

c) Die verschiedenen Erdmischungen benötigen zur Erreichung der Ballen-Mindestdruckfestigkeit einen unterschiedlichen Druck.

d) Innerhalb der einzelnen Erdballen bestehen Schichten mit unterschiedlicher Pressung. In allen überprüften Fällen waren die Ballen an der Seite am festesten, von der aus der Druck erfolgt, am lockersten an der entgegengesetzten Seite. Aus Gründen der Standfestigkeit und aus physiologischen Gründen wäre es günstig, die Töpfe aus einer Presse so auszustoßen, daß die lockerste Schicht nach oben kommt.

4. Eine Direktaussaat von Kohlarten (Vermeiden des Pikierens) ist möglich, die Qualität der Jungpflanzen übertrifft zum Teil die der pikierten bei Frühjahrsaussaat. Aus betriebswirtschaftlichen Gründen sind aber gegen diese Methoden Bedenken zu erheben.

5. Es werden verschiedene Topfpressen benötigt:

a) kleinere Maschinen für die Erdtopfherstellung in kleineren Betrieben oder größeren Betrieben mit relativ geringem Frühgemüseanbau, in denen eine große, vollautomatische, teure Presse nicht ausgelastet wäre,

b) eine große, möglichst weitgehend automatische Presse für Großbetriebe, die sich anderenfalls mehrere Kleinaggregate anschaffen müßten.

6. Eine Übertragung der Methoden gärtnerischer Jungpflanzenanzucht auf landwirtschaftliche Kulturen erscheint mit bestem Erfolg in einigen Fällen möglich, wenn eine Topfpresse entwickelt wird, die den physiologischen und technischen Grundforderungen gerecht wird, und die darüber hinaus bezüglich ihrer Mengenleistung den Verhältnissen in landwirtschaftlichen Betrieben und in Betrieben mit großflächigem Gemüsebau gerecht wird. In der Abteilung Technik im Gartenbau des Institutes für Landtechnik der Deutschen Akademie der Landwirtschaftswissenschaften zu Berlin wird zur Zeit an einer Presse gearbeitet, an der die, in der vorliegenden Arbeit, gestellten Forderungen erfüllt werden sollen.

Резюме

Период выращивания рассады для раннего овощеводства в осощевод — ческих хозяйства является одним из самых больших пиков в работе. Соответствующими методами выращивания рассады и продуманной механизацией изготовления торфо-перегнойных горшочков или пикировки можно значительно повысить продуктивность раннего овощеводства.

Получается следующее:

1. Выращиванию рассады в тороф-перегнойных горшочнах следует отдать предпочтение перед другими методами.

2. Форма торфо-перегнойного горшоч-ка не имеет практического влияния на урожай и рентабельность.

3. Начиная с определенной прочности торфо-перегнойных горшочков задерживается рост корней. Для достижения минимальной прочности горшочков при различных смесях земли требуется различное давление.

4. Виды капусты можно высевать непосредственно. Но по производственно зкономическим причинам имеются сомнения относительно зтого метода.

Summary

The time of cultivation of young plants means a peak work period for the vegetable-growing enterprises engaging in the cultivation of early vegetables. By mean of appropriate cultivation methods and a proper mechanisation of the preparation o earth-pots, respectively of the transplantation of young plants, the productivity o the growing of early vegetables can be considerably increased.

It follows that:

1. The cultivation of planting vegetables in earth-pots is to be preferred to other methods.

2. Yield and economy are not affected by the shape of the root ball.

3. From a certain ball compactness delays occur in the growth of roots. The various mixtures of earth require a different pressure so as to get a minimum ball compactness.

4. The direct sowing of cabbage varieties is possible but for works economical reasons this method is to be doubted.

4. Literaturverzeichnis

[1] Anonym: Erdtöpfe und Briketts aus einer Maschine. Deutsche Gärtner-Post 13/51.
[2] Anonym: Eine Erdtopfpikiermaschine. Deutsche Gärtner-Post 13/51.
[3] BIELKA: Die Agrotechnik der Jungpflanzenanzucht. Referat-Kongreß-Moskau 1956.
[4] CHROBOCZEK, E.: Szklarnie i Inspekty Bodowa Ogrzewanie. Warszawa 1953.
[5] CHROBOCZEK, E.: Wartość doniczek ziemnsyck w prodrukc ji wozerny kapusty w świetle trzeckletnich doświadczen. (Referat Landw. Zentralblatt 1956, Abtlg. II. S. 630 E. Chroboczek).
[6] DESQUINEMARE, A.: Utilisation des pots en terre pressée pour la production des plantes horticoles. Revue Horticoll Paris Janvier-Fevrier 1954.
[7] D. L. G.: D. L. G.-Vergleichsprüfung von Erdtopfpressen 1950. Techn. f. Bauern u. Gärtner (Ausg. G.) Berlin-Baden-B., Hannover 2—7/57.
[8] FILATOW, N.: Neue Methoden des Gemüsebaues — (Aus der Erfahrung der Maxim-Gorki-Sowchose). Moskauer Arbeiter 1953.
[9] FRÖHLICH, H.: Die Selleriejungpflanzenanzucht für leichtere Böden. Der Deutsche Gartenbau Heft 3/54.
[10] GARBADE, H.: Getopfte Futterrüben. Mitteilungen der D. L. G. Heft 14/56.
[11] GRIMM: Pillierung ermöglicht Einzelkorndrillsaat. Landbauforschung Völkenrode 5. Jgg. 1/55.
[12] GROBBECKER, K. und H., HEINE: Arbeitswirtschaftliche Untersuchungen über den Anbau von Zuckerrüben nach dem Erdtopfpflanzverfahren. Wiss. Zeitschr. d. Universität Rostock 2. Jgg. (1952/53) Heft 4.
[13] HEYDE, H.: Zum Erdtopfverfahren beim Zuckerrübenbau D. D. Landwirtschaft 4/1950.
[14] KLETTE, G.: Gemüsebau in der Praxis. Anleitung für den Gemüsebau im Garten und im Erwerbsbetrieb einschließlich der Treiberei. Parey 1951.
[15] KOPETZ, L. M.: Die Anzucht von Jungpflanzen im Lichte der neuesten Erfahrungen. Die Gartenbauwirtschaft — Fachzeitschrift für die Gärtner Österreichs, Heft 11/54.
[16] KRATZ, H.: Erwerbsgemüsebau — Nachschlagebuch für den Praktiker, Lehrbuch für Garten- und Gemüsebauschulen. Stuttgart 1949 Ulmer.
[17] KRETSCHMER, NORDMANN, PLÜGHAHN, TESCH: Der Feldgemüsebau. Deutscher Bauernverlag 1954.
[18] KÖNNECKE, G.: Versuchsbericht 1950—1952 — Feldversuche auf den Versuchsgütern der Martin-Luther Universität Halle-Wittenberg und der Arbeitsgemeinschaft f. Versuchswesen Köthen (Versuchsring Köthen). Halle 1953.
[19] LAUENSTEIN, A.: Rentabilitätsvergleich der Topfarten bei Kohlrabi-Jungpflanzen. Gärtner-Post Nr. 2/50.
[20] LAUENSTEIN, A. und M. MARX.: Das Erdtopfverfahren die wirtschaftlichste Methode zur Anzucht von Jungpflanzen. Berlin 1952, Deutscher Bauernverlag.
[21] LAUENSTEIN, A. und A. BINTING.: Sellerie getopft oder pikiert? Der Deutsche Gartenbau 1/54.
[22] LORENZ, F.: Untersuchung zum Erdtopfverfahren beim Zuckerrübenbau. (Diss.) Wiss. Zeitschr. d. Humboldt-Univers. Berlin Jahrg. II, 52/53. Math.-naturwiss. Reihe.
[23] MARX, M.: Ist in dem Erdtopfverfahren kein Fortschritt festzustellen? Agrartechnik 6/54.
[24] MARX, M.: Erdtopfmaschinen in der Sowjet-Union. Agrartechnik 5/55.
[25] NICOLAISEN, W.: Vergleichende Untersuchungen mit Erdtopfpressen. Technik f. Bauern u. Gärtner, Ausgabe G, Berlin, Baden-Baden, Hannover 10 u. 11/53.
[26] NOWATZKY, J.: Erdtopfpresse Quedlinburg. Deutsche Gärtner-Post 36/51.
[27] REINHOLD, J.: Perspektiven für die Technik im Gartenbau. Agrartechnik 12/53.
[28] REINHOLD/LAUENSTEIN/VOGEL: Betrachtungen zum Erdegießverfahren von Prof. Dr. h. c. EDELSTEIN, Moskau." Beilage zu Deutscher Gartenbau Heft 11/56.
[29] SMOLINA, T. M.: Aufzucht der Setzlinge früher und später Kohlsorten in kalten Kästen. aus: Garten und Gemüsegarten, Februar 1954.
[30] SPIESS, G.: Agrotechnik der Gemüsejungpflanzenanzucht für das Freiland. Referat — Kongreß — Moskau 1956.
[31] Universität Halle: Versuchsbericht 1949 — Feldversuche der Versuchsgüter der Martin-Luther-Universität Halle-Wittenberg und des Versuchsringes Köthen in der V. d. g. B. Halle/Saale 1950.
[32] WEBER, R.: Quels avantages offre le „Biopot"? Revue Horticole Suisse Nr. 1 Janvier 1955.

[33] WEDEL, W.: Arbeitstechnische Erfahrungen bei der Jungpflanzenanzucht im Gemüsebau. Rheinische Monatsschrift für Gemüse-, Obst- und Gartenbau, Bonn 10/56.
[34] WINTER, R.: Die Technik in der Jungpflanzenanzucht. Agrartechnik 9/51.
[35] WINTER, R.: Entwurf der Mechanisierung einer Jungpflanzenanzucht. Agrartechnik 5/55.

FSC
www.fsc.org
MIX
Papier | Fördert gute Waldnutzung
FSC® C083411

Zeitfracht Medien GmbH
Ferdinand-Jühlke-Straße 7
99095 Erfurt, Deutschland
produktsicherheit@kolibri360.de